Dhrubo Jyoti Sen

Prémios Nobel da Química de 1901 até ao presente milénio

Dhrubo Jyoti Sen

Prémios Nobel da Química de 1901 até ao presente milénio

O Prémio Nobel da Química; Atribuído a 175 laureados com o Prémio Nobel desde 1901

ScienciaScripts

Imprint

Any brand names and product names mentioned in this book are subject to trademark, brand or patent protection and are trademarks or registered trademarks of their respective holders. The use of brand names, product names, common names, trade names, product descriptions etc. even without a particular marking in this work is in no way to be construed to mean that such names may be regarded as unrestricted in respect of trademark and brand protection legislation and could thus be used by anyone.

Cover image: www.ingimage.com

This book is a translation from the original published under ISBN 978-620-2-02244-6.

Publisher:
Sciencia Scripts
is a trademark of
Dodo Books Indian Ocean Ltd. and OmniScriptum S.R.L publishing group

120 High Road, East Finchley, London, N2 9ED, United Kingdom
Str. Armeneasca 28/1, office 1, Chisinau MD-2012, Republic of Moldova, Europe
Printed at: see last page
ISBN: 978-620-7-95462-9

ÍNDICE DE CONTEÚDOS

O Prémio Nobel da Química; atribuído a 175 laureados com o Prémio Nobel desde 1901 Prof. Dr. Dhrubo Jyoti Sen

Departamento de Química Farmacêutica, Faculdade de Farmácia Shri Sarvajanik, Universidade Tecnológica de Gujarat, Arvind Baug, Mehsana-384001, Gujarat, Índia

Correio eletrónico: dhrubosen69@yahoo.com

Cerimónia de entrega do Prémio Nobel

Resumo: Um Comité Nobel é um órgão de trabalho responsável pela maior parte do trabalho envolvido na seleção dos laureados com o Prémio Nobel. Existem cinco Comités Nobel, um para cada Prémio Nobel. Quatro destes comités (para os prémios de física, química, fisiologia ou medicina e literatura) são órgãos de trabalho no seio das instituições que atribuem os prémios, a Academia Real das Ciências da Suécia, o Karolinska Institutet e a Academia Sueca. Estes quatro Comités Nobel apenas propõem os laureados, enquanto a decisão final é tomada numa assembleia alargada.

Esta assembleia é composta por todas as academias para os prémios de física, química e literatura, bem como pelos 50 membros da Assembleia Nobel do Instituto Karolinska para o prémio de fisiologia ou medicina. O quinto Comité Nobel é o Comité Nobel norueguês, responsável pelo Prémio Nobel da Paz. Este comité tem um estatuto diferente, uma vez que é simultaneamente o órgão de trabalho e o órgão de decisão do seu prémio.

A nomeação para o Prémio Nobel da Química é feita apenas por convite. Os nomes dos nomeados e outras informações sobre as nomeações só podem ser revelados 50 anos mais tarde. O Comité do Prémio Nobel da Química envia formulários confidenciais às pessoas competentes e qualificadas para nomear.

Nomeadores qualificados:

O direito de apresentar propostas para a atribuição de um Prémio Nobel da Química será, por lei, detido por:

1. Membros suecos e estrangeiros da Academia Real das Ciências da Suécia;

2. Membros dos Comités Nobel da Química e da Física;

3. Prémios Nobel da Química e da Física;

4. Professores permanentes de Ciências Químicas nas universidades e institutos de tecnologia da Suécia, Dinamarca, Finlândia, Islândia e Noruega, e no Karolinska Institutet, Estocolmo;

5. Titulares de cátedras correspondentes em, pelo menos, seis universidades ou faculdades universitárias seleccionadas pela Academia das Ciências, a fim de assegurar uma distribuição adequada pelos diferentes países e respectivos centros de ensino; e

6. Outros cientistas que a Academia considere oportuno convidar a apresentar propostas.

O Comité Nobel da Química é o Comité Nobel responsável pela proposta dos laureados com o Prémio Nobel da Química. O Comité Nobel da Química é nomeado pela Real Assembleia Sueca

Academia Real das Ciências da Suécia

Academia das Ciências. É normalmente composto por professores suecos de química que são membros da Academia, embora a Academia possa, em princípio, nomear qualquer pessoa para o Comité. O Comité é um órgão de trabalho sem poder de decisão, e a decisão final de atribuir o Prémio Nobel da Química é tomada por toda a Academia Real das Ciências da Suécia, após uma primeira discussão na Classe de Química da Academia.

As decisões relativas à seleção dos professores e cientistas referidos nos n.ºs 5 e 6 serão tomadas todos os anos antes do final do mês de setembro. Seleção dos laureados com o Prémio Nobel: A Academia Real das Ciências da Suécia é responsável pela seleção dos Prémios Nobel da Química de entre os candidatos recomendados pelo Comité Nobel da Química. O Comité Nobel é o órgão de trabalho que examina as candidaturas e selecciona os candidatos finais. É composto por cinco membros, mas há muitos anos que o Comité tem também membros adjuntos com os mesmos direitos de voto que os membros.

Quem é elegível para o Prémio Nobel da Química?

Os candidatos elegíveis para o Prémio de Química são os nomeados por pessoas qualificadas que tenham recebido um convite do Comité Nobel para apresentarem os seus nomes para apreciação. Ninguém pode nomear-se a si próprio.

Segue-se uma breve descrição do processo envolvido na seleção dos Prémios Nobel da Química:
setembro-outubro *- São enviados os formulários de nomeação. O Comité Nobel envia formulários confidenciais a cerca de 3.000 pessoas - professores seleccionados em universidades de todo o mundo, laureados com o Nobel da Física e da Química e membros da Real Academia Sueca de Ciências, entre outros.*

fevereiro *- Data limite para a apresentação de candidaturas. Os formulários de nomeação preenchidos devem chegar ao Comité Nobel até 31 de janeiro do ano seguinte. O Comité analisa as nomeações e selecciona os primeiros candidatos. São nomeados cerca de 250-350 cientistas, uma vez que é frequente vários candidatos apresentarem o mesmo nome.*

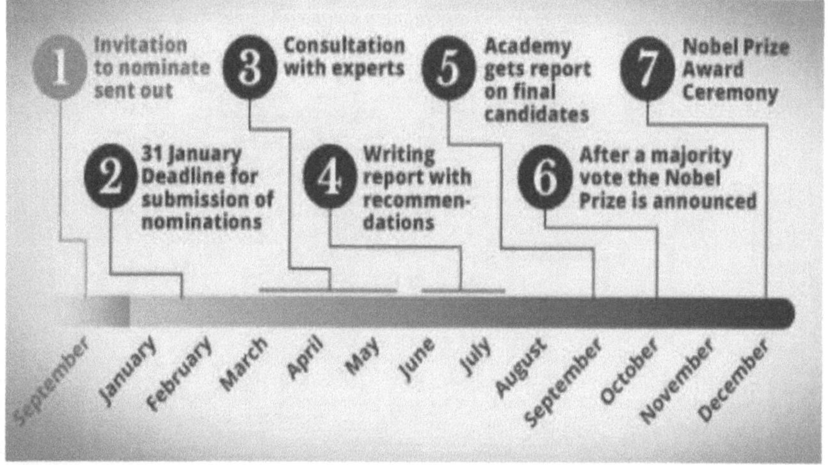

março-maio *- Consulta de peritos. O Comité Nobel avalia os candidatos preliminares, aconselhado por peritos especialmente nomeados para avaliar o trabalho dos candidatos.*

junho-agosto *- Redação do relatório. O Comité Nobel elabora um relatório com recomendações a apresentar à Academia. O relatório é assinado por todos os membros do Comité.*

setembro *- O Comité apresenta as recomendações. O Comité Nobel apresenta o seu relatório com recomendações sobre os candidatos finais aos membros da Academia. O relatório é discutido em duas reuniões da Secção de Química da Academia.*

outubro *- Os Prémios Nobel são escolhidos. No início de outubro, a Academia selecciona os Prémios Nobel da Química através de uma votação por maioria. A decisão é final e sem recurso. Os nomes dos Prémios Nobel são então anunciados.*

dezembro *- Os laureados com o Prémio Nobel recebem o seu prémio. A Cerimónia de Entrega do Prémio Nobel tem lugar a 10 de dezembro em Estocolmo, onde os laureados recebem o seu Prémio Nobel, que consiste numa Medalha e Diploma Nobel, e um documento que confirma o valor do prémio.*

Os estatutos da Fundação Nobel restringem a divulgação de informações sobre as nomeações, quer a nível público quer privado, durante 50 anos. A restrição diz respeito aos nomeados e aos nomeadores, bem como às investigações e pareceres relacionados com a atribuição de um prémio.

Palavras-chave: Alfred Nobel, Prémio Nobel, Palestra Nobel, Citação Nobel, Banquete Nobel

Prefácio:

Figura-1: O Prémio Nobel da Química foi instituído em 1895 pelo testamento do químico sueco Alfred Nobel.

O Prémio Nobel da Química (em sueco: *Nobelpriset i kemi)* é atribuído anualmente pela Academia Real das Ciências da Suécia a cientistas nos vários domínios da química. É um dos cinco Prémios Nobel instituídos pelo testamento de Alfred Nobel em 1895, atribuído por contribuições notáveis em química, física, literatura, paz e fisiologia ou medicina. Este prémio é administrado pela Fundação Nobel e atribuído pela Academia Real Sueca de Ciências, sob proposta do Comité Nobel da Química, composto por cinco membros eleitos pela Academia. O prémio é entregue em Estocolmo, numa cerimónia anual, a 10 de dezembro, data do aniversário da morte de Nobel.

Figura-2: Cerimónia de entrega do Prémio Nobel

Figura-3: Palestra Nobel

O primeiro Prémio Nobel da Química foi atribuído em 1901 a Jacobus Henricus van 't Hoff, dos Países Baixos, *"pela sua descoberta das leis da dinâmica química e da pressão osmótica nas soluções"*. De 1901 a 2016, o prémio foi atribuído a um total de 174 indivíduos, dos quais quatro eram mulheres.

Figura-4: Banquete Nobel

O comité e a instituição que serve de júri para o prémio anunciam normalmente os nomes dos laureados em outubro. O prémio é então entregue em cerimónias formais realizadas anualmente a 10 de dezembro, o aniversário da morte de Alfred Nobel. "O ponto alto da cerimónia de entrega do Prémio Nobel em Estocolmo é o momento em que cada laureado dá um passo em frente para receber o prémio das mãos de Sua Majestade o Rei da Suécia. O laureado recebe três coisas: **um diploma, uma medalha e um documento que confirma o valor do prémio**" ("O que recebem os laureados com o Prémio Nobel"). Mais tarde, realiza-se o Banquete Nobel na Câmara Municipal de Estocolmo.

Podem ser seleccionados, no máximo, três laureados e duas obras diferentes. O prémio pode ser atribuído a um máximo de **três laureados** por ano. É constituído por uma medalha de ouro, um diploma e uma bolsa em dinheiro. Um laureado com o Prémio Nobel da Química recebe uma medalha de ouro, um diploma com uma menção e uma quantia em dinheiro. **Medalhas do Prémio Nobel:** As medalhas do Prémio Nobel, cunhadas pela Myntverket na Suécia e pela Casa da Moeda da Noruega desde 1902, são marcas registadas da Fundação Nobel. Cada medalha apresenta uma imagem de Alfred Nobel em perfil esquerdo no anverso (frente da medalha). As medalhas dos Prémios Nobel de Física, Química, Fisiologia ou Medicina e Literatura têm anversos idênticos, com a imagem de Alfred Nobel e os anos do seu nascimento e morte (1833-1896). O retrato de Nobel também aparece no anverso da medalha do Prémio Nobel da Paz e da medalha do Prémio de Economia, mas com um desenho ligeiramente diferente. A imagem no verso de uma medalha varia de acordo com a instituição que atribui o prémio. O verso das medalhas dos Prémios Nobel da Química e da Física tem o mesmo desenho.

Diplomas do Prémio Nobel: Os laureados com o Prémio Nobel recebem um diploma diretamente das mãos do Rei da Suécia. Cada diploma é concebido exclusivamente pelas instituições que atribuem o prémio para o laureado que o recebe. O diploma contém uma imagem e um texto que indica o nome do laureado e, normalmente, uma citação da razão pela qual recebeu o prémio.

Prémio em dinheiro: O laureado recebe uma quantia em dinheiro quando recebe o Prémio Nobel, sob a forma de um documento que confirma o montante atribuído; em 2009, o prémio monetário foi de 10 milhões de coroas suecas (1,4 milhões de dólares). Devido a cortes orçamentais, em 2012, o montante de cada Prémio Nobel foi de 8 milhões de coroas suecas, ou seja, 1,1 milhões de dólares. O montante do prémio pode variar em função do montante que a Fundação Nobel pode atribuir nesse ano. Se houver dois laureados numa determinada categoria, o prémio é dividido em partes iguais entre os vencedores. Se forem três, o comité de atribuição tem a opção de dividir o prémio em partes iguais ou de atribuir metade a um laureado e um quarto a cada um dos outros.

Figura-5: Prémio Nobel

Não há nada neste mundo que esteja isento de química. A química é uma disciplina que se baseia nos seus quatro pilares: **porquê, quando, como e onde. Porque é que** a reação teve lugar; **quando é que** a reação teve lugar; **como é que** a reação teve lugar e **onde é que** a reação teve lugar. Esta disciplina centra-se na reatividade de dois ou mais reagentes, de acordo com os grupos funcionais presentes na molécula, porque em qualquer reação química os cinco parâmetros seguintes são considerados como os responsáveis pelo acontecimento: **reagente, reagente, tempo, temperatura e catalisador.** A falta de qualquer um destes parâmetros dificulta a reação química com o rendimento desejado. Trata-se de um parque de diversões onde os grupos funcionais jogam um jogo, seguindo o porquê, quando, como e onde com o reagente, o reagente, o tempo, a temperatura e o catalisador. O mais engraçado é a quebra da palavra química que dá: químico+tentar porque as últimas três palavras tentar dão indicação para realizar a reação tentando, tentando, tentando até obter as expectativas desejadas.[1-4]

A química é um ramo da ciência física que estuda a composição, a estrutura, as propriedades e as alterações da matéria. A química inclui temas como as propriedades dos átomos individuais, a forma como os átomos formam ligações químicas para criar compostos químicos, as interacções das substâncias através de forças intermoleculares que conferem à matéria as suas propriedades gerais e as interacções entre substâncias através de reacções químicas para formar substâncias diferentes. A química é, por vezes, designada por ciência central, porque faz a ponte entre as outras ciências naturais, incluindo a física, a geologia e a biologia. Os académicos discordam quanto à etimologia da palavra química. A história da química remonta à alquimia, praticada há vários milénios em diversas partes do mundo. A química pode ser *in-vivo, in-vitro, in-situ* ou *in-silico;* mas em todo o lado actua como um recreio de grupos funcionais de produtos químicos em jogo.][8]

Figura-6: Moléculas teóricas e práticas

Conhecida como a ciência central, a química é essencial para a nossa compreensão do mundo natural que nos rodeia. Neste capítulo, ser-lhe-á apresentado o campo da química, aprendendo sobre a sua história e as suas aplicações modernas.

O que é a química?

Quando ouve a palavra "química", é provável que lhe venham à cabeça certas imagens - moléculas, tubos de ensaio, a tabela periódica, talvez até algumas explosões fixes num filme, mas a química é muito mais do que estas coisas! De facto, a química é conhecida como a ciência central porque toca todas as outras ciências naturais, como a biologia, a física, a geologia e outras. A química é uma ciência física e é o estudo das propriedades e interacções entre a matéria e a energia. Por outras palavras, a química é uma forma de estudar as propriedades, características e alterações físicas e químicas da matéria. A matéria é muito importante porque é tudo o que tem massa e ocupa espaço - basicamente, todas as "coisas que compõem o nosso mundo! Os químicos estudam os átomos, que são os blocos básicos de construção da matéria, bem como as interacções entre os átomos. Também estudam as partículas subatómicas, que são mais pequenas do que os átomos, e incluem coisas como protões, neutrões e electrões. Uma vez que tudo o que existe na Terra é feito de matéria e a matéria é feita de átomos, pode ver-se como isto cria uma sobreposição entre a química e outras ciências. Não se pode ter "coisas para estudar se não se tiver "coisas" em primeiro lugar. Por outras palavras, a matéria é realmente importante![9-12]

A química tem uma história rica. A sua compreensão da química pode ser brilhante e nova, mas a química em si já existe há muito tempo. A química básica remonta aos tempos antigos e é descrita como tendo origem nos alquimistas, que eram cientistas muito meticulosos. Realizavam experiências e registavam os seus resultados, o que é uma componente fundamental da boa ciência.

Química classificada: Química analítica, Agroquímica, Astroquímica, Química atmosférica, Bioquímica, Biologia química, Engenharia química, Química informática, Química combinatória, Eletroquímica, Química ambiental, Femtoquímica, Química dos aromas, Química dos fluxos, Geoquímica, Química verde, Histoquímica, Química da hidrogenação, Imunoquímica, Química inorgânica, Química marinha, Química dos materiais, Ciência dos materiais, Química matemática, Mecanoquímica, Química medicinal, Biologia molecular, Mecânica molecular, Nanoquímica, Química de produtos naturais, Neuroquímica, Química nuclear, Enologia, Química orgânica, Química organometálica, Petroquímica, Química farmacológica, Fotoquímica, Química física, Química orgânica física, Fitoquímica, Química de polímeros, Radioquímica, Química do estado sólido, Sonoquímica, Química supramolecular, Química de superfícies, Química sintética, Química teórica, Termoquímica

A química moderna remonta ao século XVII e Robert Boyle é considerado um dos fundadores deste domínio científico. Boyle é um dos criadores do método científico, que é um conjunto organizado de passos para obter conhecimento e responder a perguntas. Boyle acreditava na experimentação rigorosa e testada e era um forte defensor da prova das teorias científicas antes de lhes chamar "verdades". Embora nem sempre seja considerada uma ciência formal, a química tem sido praticada ao longo da história da humanidade. Há séculos que as pessoas fermentam alimentos e bebidas. A extração de metais de minérios é outra forma de química "natural", tal como o fabrico de vidro, sabão e extração de componentes de plantas para fins medicinais. Os arqueólogos encontram cerâmica nos seus locais de escavação, e tanto os vasos como os esmaltes utilizados para os proteger provêm também do conhecimento da química.[13]

Group→ ↓Period	1	2	3	4	5	6	7	8	9	10	11	12	13	14	15	16	17	18
1	1 H																	2 He
2	3 Li	4 Be											5 B	6 C	7 N	8 O	9 F	10 Ne
3	11 Na	12 Mg											13 Al	14 Si	15 P	16 S	17 Cl	18 Ar
4	19 K	20 Ca	21 Sc	22 Ti	23 V	24 Cr	25 Mn	26 Fe	27 Co	28 Ni	29 Cu	30 Zn	31 Ga	32 Ge	33 As	34 Se	35 Br	36 Kr
5	37 Rb	38 Sr	39 Y	40 Zr	41 Nb	42 Mo	43 Tc	44 Ru	45 Rh	46 Pd	47 Ag	48 Cd	49 In	50 Sn	51 Sb	52 Te	53 I	54 Xe
6	55 Cs	56 Ba	* 71 Lu	72 Hf	73 Ta	74 W	75 Re	76 Os	77 Ir	78 Pt	79 Au	80 Hg	81 Tl	82 Pb	83 Bi	84 Po	85 At	86 Rn
7	87 Fr	88 Ra	** 103 Lr	104 Rf	105 Db	106 Sg	107 Bh	108 Hs	109 Mt	110 Ds	111 Rg	112 Cn	113 Uut	114 Fl	115 Uup	116 Lv	117 Uus	118 Uuo

	57 La	58 Ce	59 Pr	60 Nd	61 Pm	62 Sm	63 Eu	64 Gd	65 Tb	66 Dy	67 Ho	68 Er	69 Tm	70 Yb
*	57 La	58 Ce	59 Pr	60 Nd	61 Pm	62 Sm	63 Eu	64 Gd	65 Tb	66 Dy	67 Ho	68 Er	69 Tm	70 Yb
**	89 Ac	90 Th	91 Pa	92 U	93 Np	94 Pu	95 Am	96 Cm	97 Bk	98 Cf	99 Es	100 Fm	101 Md	102 No

Figura-7: Tabela periódica: a origem das moléculas químicas

Lista dos laureados com o Prémio Nobel da Química (1901-2016):[14]

1901 (Uma pessoa)

Jacobus Henricus van't Hoff

Países Baixos

Nascido em: 30 de agosto de 1852, Roterdão, Países Baixos

Morreu: 1 de março de 1911, Steglitz, Berlim, Alemanha

Jacobus Henricus van't Hoff, Jr. foi um físico-químico neerlandês. Químico teórico muito influente no seu tempo, van't Hoff foi o primeiro vencedor do Prémio Nobel da Química pelo seu trabalho na descoberta das leis da dinâmica química e da pressão osmótica em soluções.

1902 (Uma pessoa)

Hermann Emil Fischer

Alemanha

Nascido em: 9 de outubro de 1852, Euskirchen, Alemanha

Morreu: 15 de julho de 1919, Berlim, Alemanha

Hermann Emil Louis Fischer FRS, FRSE, FCS foi um químico alemão, galardoado com o Prémio Nobel da Química em 1902 pelos seus trabalhos sobre a síntese de açúcares e purinas. Descobriu também a esterificação de Fischer. Desenvolveu a projeção de Fischer, uma forma simbólica de desenhar átomos de carbono assimétricos.

1903 (Uma pessoa)

Svante August Arrhenius

Suécia

Nascido em: 19 de fevereiro de 1859, Balingsta forsamling

Morreu em: 2 de outubro de 1927, Estocolmo, Suécia

Svante August Arrhenius foi um cientista sueco galardoado com o Prémio Nobel, originalmente um físico, mas frequentemente referido como um químico, e um dos fundadores da ciência da físico-química pelo seu trabalho sobre a teoria electrolítica da dissociação.

1904   (Uma pessoa)
Sir William Ramsay

Reino Unido

Nascido em: 2 de outubro de 1852, Glasgow, Reino Unido

Morreu: 23 de julho de 1916, High Wycombe, Reino Unido

Sir William Ramsay KCB, FRS, FRSE foi um químico britânico que descobriu os gases nobres e recebeu o Prémio Nobel da Química em 1904, em reconhecimento dos seus serviços na descoberta dos elementos gasosos inertes no ar, pelo seu trabalho na descoberta dos elementos gasosos inertes no ar e na determinação do seu lugar no sistema periódico.

1905   (Uma pessoa)
Johann Friedrich Wilhelm Adolf von Baeyer

Alemanha

Nascido em: 31 de outubro de 1835, Berlim, Alemanha

Morreu: 20 de agosto de 1917, Starnberg, Alemanha

Johann Friedrich Wilhelm Adolf von Baeyer foi um químico alemão que sintetizou o índigo, desenvolveu uma nomenclatura para compostos cíclicos e foi galardoado com o Prémio Nobel da Química em 1905 pelo seu trabalho no avanço da química orgânica e da indústria química, através do seu trabalho sobre corantes orgânicos e compostos hidroaromáticos.

1906 (Uma pessoa)

Henri Moissan

França

Nascido em: 28 de setembro de 1852, Paris, França

Morreu: 20 de fevereiro de 1907, Paris, França

Ferdinand Frederick Henri Moissan foi um químico francês que ganhou o Prémio Nobel da Química de 1906 pelo seu trabalho no isolamento do flúor dos seus compostos. Moissan foi um dos membros originais do Comité Internacional de Pesos Atómicos.

1907 (Uma pessoa)

Eduard Buchner

Alemanha

Nascido em: 20 de maio de 1860, Munique, Alemanha

Morreu: 13 de agosto de 1917, Focsani, Roménia

Eduard Buchner foi um químico e zimologista alemão, galardoado com o Prémio Nobel da Química de 1907 pelo seu trabalho em investigações bioquímicas e pela sua descoberta da fermentação sem células.

1908   (Uma pessoa)
Ernest Rutherford

Reino Unido

Nova Zelândia

Nascido em: 30 de agosto de 1871, Brightwater, Nova Zelândia

Morreu: 19 de outubro de 1937, Cambridge, Reino Unido

Ernest Rutherford, 1º Barão Rutherford de Nelson, OM, FRS foi um físico britânico nascido na Nova Zelândia que ficou conhecido como o pai da física nuclear. Foi galardoado com o Prémio Nobel da Química em 1908 pelas suas investigações sobre a desintegração dos elementos e a química das substâncias radioactivas.

1909   (Uma pessoa)
Wilhelm Ostwald

Alemanha

Nascido em: 2 de setembro de 1853, Riga, Letónia

Morreu: 4 de abril de 1932, Grofibothen, Alemanha

Friedrich Wilhelm Ostwald foi um químico alemão. Recebeu o Prémio Nobel da Química em 1909 pelos seus trabalhos sobre catálise, equilíbrios químicos e velocidades de reação.

1910   (Uma pessoa)
Otto Wallach

Alemanha

Nascido em: 27 de março de 1847, Konigsberg, Alemanha

Morreu: 26 de fevereiro de 1931, Gottingen, Alemanha

Otto Wallach foi um químico alemão, galardoado com o Prémio Nobel da Química de 1910 pelo seu trabalho no domínio da química orgânica e da indústria química, através do seu trabalho pioneiro no domínio dos compostos alicíclicos.

1911   (Uma pessoa)
Maria Sklodowska-Curie

Polónia, França

Nascido em: 7 de novembro de 1867, Varsóvia, Polónia

Morreu em: 4 de julho de 1934, Sancellemoz

Marie Sklodowska Curie foi uma física e química polaca e naturalizada francesa, pioneira na investigação sobre a radioatividade. Foi galardoada com o Prémio Nobel da Química em 1911 pela descoberta dos elementos rádio e polónio, através do isolamento do rádio e do estudo da natureza e dos compostos deste elemento notável.

1912   (Duas pessoas)
Victor Grignard

França

Nascido em: 6 de maio de 1871, Cherbourg-Octeville, França

Morreu: 13 de dezembro de 1935, Lyon, França

François Auguste Victor Grignard foi um químico francês galardoado com o Prémio Nobel em 1912 pela descoberta do reagente de Grignard. Grignard era filho de um fabricante de velas. Depois de estudar matemática em Lyon, transferiu-se para a química e descobriu a reação sintética com o seu nome em 1900.

Paul Sabatier

França

Nascido em: 5 de novembro de 1854, Carcassonne, França

Morreu: 14 de agosto de 1941, Toulouse, França

Paul Sabatier FRS foi um químico francês, nascido em Carcassonne. Em 1912, Sabatier foi galardoado com o Prémio Nobel da Química, juntamente com Victor Grignard, pelo seu método de hidrogenação de compostos orgânicos na presença de metais finamente desintegrados.

1913 (Uma pessoa)
Alfred Werner

Suíça
Nascido em: 12 de dezembro de 1866, Mulhouse, França
Morreu: 15 de novembro de 1919, Zurique, Suíça

Alfred Werner foi um químico suíço que estudou na ETH de Zurique e foi professor na Universidade de Zurique. Ganhou o Prémio Nobel da Química em 1913 por ter proposto a configuração octaédrica dos complexos de metais de transição, especialmente em química inorgânica.

1914 (Uma pessoa)
Theodore William Richards

Estados Unidos
Nascido em: 31 de janeiro de 1868, Germantown, Filadélfia, Pensilvânia, Estados Unidos
Morreu: 2 de abril de 1928, Cambridge, Massachusetts, Estados Unidos

Theodore William Richards foi o primeiro cientista americano a receber o Prémio Nobel da Química em 1914, em reconhecimento das suas determinações exactas dos pesos atómicos de um grande número de elementos químicos.

1915   (Uma pessoa)
Richards Martin Willstatter

Alemanha

Nascido em: 13 de agosto de 1872, Karlsruhe, Alemanha

Morreu: 3 de agosto de 1942, Muralto, Suíça

Richard Martin Willstatter, ForMemRS foi um químico orgânico alemão cujo estudo da estrutura dos pigmentos vegetais, incluindo a clorofila, lhe valeu o Prémio Nobel da Química de 1915 pelas suas investigações sobre os pigmentos vegetais, especialmente a clorofila.

1916   (Não atribuído)

1917   (Não atribuído)

1918   (Uma pessoa)
Fritz Haber

Alemanha

Nascido em: 9 de dezembro de 1868, Wroclaw, Polónia

Morreu: 29 de janeiro de 1934, Basileia, Suíça

Fritz Haber foi um químico alemão que recebeu o Prémio Nobel da Química em 1918 pela sua invenção do processo Haber-Bosch, um método utilizado na indústria para sintetizar amoníaco a partir de azoto gasoso e hidrogénio gasoso.

1919   (Não atribuído)

1920   (Uma pessoa)
Walther Hermann Nernst

Alemanha
Nascido em: 25 de junho de 1864, Wqbrzezno, Polónia
Morreu em: 18 de novembro de 1941, Niwica, Condado de Zary, Polónia

Walther Hermann Nernst, ForMemRS foi um químico alemão conhecido pelo seu trabalho em termodinâmica; a sua formulação do teorema do calor de Nernst ajudou a abrir caminho para a terceira lei da termodinâmica. Foi galardoado com o Prémio Nobel da Química em 1920 pelo seu trabalho em termoquímica.

1921   (Uma pessoa)
Frederick Soddy

Reino Unido
Nascido em: 2 de setembro de 1877, Eastbourne, Reino Unido
Morreu: 22 de setembro de 1956, Brighton, Reino Unido

Frederick Soddy FRS foi um radioquímico inglês que explicou, com Ernest Rutherford, que a radioatividade se deve à transmutação de elementos, que agora se sabe envolverem reacções nucleares. Foi galardoado com o Prémio Nobel da Química em 1921 pelos seus contributos para o nosso conhecimento da química das substâncias radioactivas e pelas suas investigações sobre a origem e a natureza dos isótopos.

1922 (Uma pessoa)
Francis William Aston

Reino Unido

Nascido em: 1 de setembro de 1877, Harborne, Reino Unido

Morreu: 20 de novembro de 1945, Cambridge, Reino Unido

Francis William Aston FRS foi um químico e físico inglês que ganhou o Prémio Nobel da Química de 1922 pela sua descoberta, através do seu espetrógrafo de massa, de isótopos num grande número de elementos não radioactivos, e pela sua enunciação da regra do número inteiro. Foi membro da Royal Society e Fellow do Trinity College, em Cambridge.

1923 (Uma pessoa)
Fritz Pregl

Áustria

Nascido em: 3 de setembro de 1869, Ljubljana, Eslovénia

Morreu: 13 de dezembro de 1930, Graz, Áustria

Fritz Pregl foi um químico e médico esloveno e austríaco, de origem mista esloveno-alemã. Recebeu o Prémio Nobel da Química em 1923 por ter dado importantes contributos para a microanálise orgânica quantitativa, um dos quais foi o aperfeiçoamento da técnica do comboio de combustão para análise elementar.

1924   (Não atribuído)

1925   (Uma pessoa)
Richard Adolf Zsigmondy

Alemanha, Hungria
Nascido em: 1 de abril de 1865, Viena, Áustria
Morreu: 23 de setembro de 1929, Gottingen, Alemanha
Richard Adolf Zsigmondy foi um químico austro-húngaro. Ficou conhecido pela sua investigação em colóides, pela qual foi galardoado com o Prémio Nobel da Química em 1925, pela sua demonstração da natureza heterogénea das soluções coloidais e pelos métodos que utilizou. A cratera Zsigmondy na Lua foi baptizada em sua honra.

1926   (Uma pessoa)
O (Theodor) Svedberg

Suécia
Nascido em: 30 de agosto de 1884, Valbo, Suécia
Morreu: 25 de fevereiro de 1971, Kopparberg, Suécia
Theodor Svedberg foi um químico sueco e laureado com o Prémio Nobel, ativo na Universidade de Uppsala.
Foi galardoado com o Prémio Nobel da Química em 1926 pelo seu trabalho sobre o sistema disperso.

1927   (Uma pessoa)

Heinrich Otto Wieland

Alemanha

Nascido em: 4 de junho de 1877, Pforzheim, Alemanha

Morreu: 5 de agosto de 1957, Starnberg, Alemanha

Heinrich Otto Wieland foi um químico alemão. Foi galardoado com o Prémio Nobel da Química de 1927 pela sua investigação sobre a constituição de substâncias e substâncias afins.

1928   (Uma pessoa)

Adolf Otto Reinhold Windaus

Alemanha

Nascido em: 25 de dezembro de 1876, Berlim, Alemanha

Morreu: 9 de junho de 1959, Gottingen, Alemanha

Adolf Otto Reinhold Windaus foi um químico alemão que ganhou o Prémio Nobel da Química em 1928 pelo seu trabalho sobre os esteróis e a sua relação com as vitaminas. Foi o orientador de doutoramento de Adolf Butenandt, que também ganhou um Prémio Nobel da Química em 1939.

1929   (Três pessoas)

Arthur Harden

Reino Unido

Nascido em: 12 de outubro de 1865, Manchester, Reino Unido

Morreu: 17 de junho de 1940, Bourne End, Reino Unido

Sir Arthur Harden, FRS foi um bioquímico britânico. Partilhou o Prémio Nobel da Química em 1929 com Hans Karl August Simon von Euler-Chelpin pelas suas investigações sobre a fermentação do açúcar e as enzimas fermentativas.

Hans Karl August Simon von

Suécia

Nascido em: 15 de fevereiro de 1873, Augsburg, Alemanha

Morreu em: 6 de novembro de 1964, Estocolmo, Suécia

Hans Karl August Simon von Euler-Chelpin foi um bioquímico sueco nascido na Alemanha. Ganhou o Prémio Nobel da Química em 1929 com Arthur Harden pelas suas investigações sobre a fermentação do açúcar e as enzimas.

Euler-Chelpin

Suécia

Nascido em: 15 de fevereiro de 1873, Augsburg, Alemanha

Morreu em: 6 de novembro de 1964, Estocolmo, Suécia

Euler-Chelpin foi um bioquímico sueco nascido na Alemanha. Ganhou o Prémio Nobel da Química em 1929 com Arthur Harden pelas suas investigações sobre a fermentação do açúcar e as enzimas.

1931 (Duas pessoas)
Carl Bosch

Alemanha

Nascido em: 27 de agosto de 1874, Colónia, Alemanha

Morreu: 26 de abril de 1940, Heidelberg, Alemanha

Carl Bosch foi um químico e engenheiro alemão, galardoado com o Prémio Nobel da Química em 1931. Foi um pioneiro no domínio da química industrial de alta pressão e fundador da IG Farben, que chegou a ser a maior empresa química do mundo.

Friedrich Bergius

Alemanha

Nascido em: 11 de outubro de 1884, Wroclaw, Polónia

Morreu em: 30 de março de 1949, Buenos Aires, Argentina

Friedrich Karl Rudolf Bergius foi um químico alemão conhecido pelo processo Bergius para a produção de combustível sintético a partir do carvão, Prémio Nobel da Química em reconhecimento das contribuições para a invenção e desenvolvimento de métodos químicos de alta pressão.

1932   (Uma pessoa)
Irving Langmuir

Estados Unidos

Nascido em: 31 de janeiro de 1881, Brooklyn, Nova Iorque, Nova Iorque, Estados Unidos

Morreu: 16 de agosto de 1957, Woods Hole, Falmouth, Massachusetts, Estados Unidos

Irving Langmuir foi galardoado com o Prémio Nobel da Química de 1932 pelo seu trabalho em química de superfícies.

1933 (Não atribuído)

1934 (Uma pessoa)
Harold Clayton Urey

Estados Unidos
Nascido em: 29 de abril de 1893, Walkerton, Indiana, Estados Unidos
Morreu: 5 de janeiro de 1981, La Jolla, Califórnia, Estados Unidos
Harold Clayton Urey foi um físico-químico americano cujo trabalho pioneiro sobre isótopos lhe valeu o Prémio Nobel da Química em 1934 pela descoberta do deutério.

1935 (Duas pessoas)
Frederic Joliot

França
Nascido em: 19 de março de 1900, Paris, França
Morreu: 14 de agosto de 1958, Paris, França
Jean Frederic Joliot-Curie, nascido Jean Frederic Joliot, foi um físico francês, marido de Irene Joliot-Curie e laureado com o Prémio Nobel da Química em 1935 pela síntese de novos elementos radioactivos.

Irene Joliot-Curie

França
Nascido em: 12 de setembro de 1897, Paris, França

Morreu: 17 de março de 1956, Paris, França

Irene Joliot-Curie foi uma cientista francesa, filha de Marie Curie e Pierre Curie e esposa de Frederic Joliot-Curie. Juntamente com o seu marido, Joliot-Curie foi galardoada com o Prémio Nobel da Química em 1935 pela descoberta da radioatividade artificial. Este facto fez dos Curies a família com mais laureados com o Prémio Nobel até à data. Os dois filhos do casal Joliot-Curie, Helene e Pierre, são também cientistas de renome.

1936 (Uma pessoa)
Petrus (Peter) Josephus Wilhelmus Debye

Países Baixos

Nascido em: 24 de março de 1884, Maastricht, Países Baixos
Morreu: 2 de novembro de 1966, Ithaca, Nova Iorque, Estados Unidos

Peter Joseph William Debye ForMemRS foi um físico e físico-químico holandês-americano, laureado com o Prémio Nobel da Química em 1936 pelo seu trabalho sobre a estrutura molecular através das suas investigações sobre os momentos de dipolo e a difração de raios X e de electrões nos gases.

1937 (duas pessoas)
Walter Norman Haworth

Reino Unido

Nascido em: 19 de março de 1883, Chorley, Reino Unido
Falecido: 19 de março de 1950, Barnt Green, Reino Unido

Sir (Walter) Norman Haworth FRS foi um químico britânico mais conhecido pelo seu trabalho inovador sobre o ácido ascórbico (vitamina C), enquanto trabalhava na Universidade de Birmingham. Recebeu o Prémio Nobel da Química de 1937 pelas suas investigações sobre hidratos de carbono e vitamina C. O prémio foi partilhado com o químico suíço Paul Karrer pelo seu trabalho sobre outras vitaminas. Haworth descobriu a estrutura correcta de uma série de açúcares e é conhecido entre os químicos orgânicos pelo desenvolvimento da projeção Haworth, que traduz as estruturas tridimensionais dos açúcares numa conveniente forma gráfica bidimensional.

Paul Karrer

Suíça

Nascido em: 21 de abril de 1889, Moscovo, Rússia

Morreu em: 18 de junho de 1971, Zurique, Suíça

O Prof. Paul Karrer FRS, FRSE, FCS foi um químico orgânico suíço mais conhecido pela sua investigação sobre vitaminas. Ganhou, juntamente com Walter Haworth, o Prémio Nobel da Química em 1937 pelas suas investigações sobre carotenóides, flavinas e vitaminas A e B2.

1938 (Uma pessoa)
Richard Kuhn

Alemanha

Nascido em: 3 de dezembro de 1900, Viena, Áustria

Morreu: 1 de agosto de 1967, Heidelberg, Alemanha

Richard Johann Kuhn foi um bioquímico austríaco-alemão a quem foi atribuído o Prémio Nobel da Química em 1938 pelo seu trabalho sobre carotenóides e vitaminas.

1939   (Duas pessoas)
Adolf Friedrich Johann Butenandt

Alemanha

Nascido em: 24 de março de 1903, Bremerhaven, Alemanha
Morreu em: 18 de janeiro de 1995, Munique, Alemanha

Adolf Friedrich Johann Butenandt foi um bioquímico alemão. Foi galardoado com o Prémio Nobel Prémio de Química em 1939 pelo seu trabalho sobre as hormonas sexuais.

Leopold Ruzicka

Suíça

Nascido em: 13 de setembro de 1887, Vukovar, Croácia
Morreu: 26 de setembro de 1976, Mammern, Suíça

Leopold Ruzicka ForMemRS foi um cientista croata, co-vencedor do Prémio Nobel da Química de 1939 pelo seu trabalho sobre polimetilenos e terpenos superiores, que trabalhou a maior parte da sua vida na Suíça. Recebeu oito doutoramentos honoris causa em ciências, medicina e direito; sete prémios e medalhas; e vinte e quatro membros honorários de sociedades químicas, bioquímicas e outras sociedades científicas.

1940   (Não atribuído)

1941   (Não atribuído)

1942   (Não atribuído)

1943   (Uma pessoa)
George de Hevesy

Alemanha
Nascido em: 1 de agosto de 1885, Budapeste, Hungria
Morreu: 5 de julho de 1966, Freiburg im Breisgau, Alemanha
George Charles de Hevesy foi um radioquímico húngaro e laureado com o Prémio Nobel, reconhecido em 1943 pelo seu papel fundamental no desenvolvimento de marcadores radioactivos para estudar processos químicos como o metabolismo dos animais. Também co-descobriu o elemento háfnio.

1944   (Uma pessoa)
Otto Hahn

Alemanha
Nascido em: 8 de março de 1879, Frankfurt, Alemanha
Morreu: 28 de julho de 1968, Gottingen, Alemanha
Otto Hahn, OBE, ForMemRS foi um químico alemão e pioneiro nos domínios da radioatividade e da radioquímica. Recebeu exclusivamente o Prémio Nobel da Química em 1944 pela descoberta e comprovação radioquímica da fissão nuclear. É conhecido como o pai da química nuclear.

1945 (Uma pessoa)
Artturi Ilmari Virtanen

Finlândia

Nascido em: 15 de janeiro de 1895, Helsínquia, Finlândia

Morreu em: 11 de novembro de 1973, Helsínquia, Finlândia

Artturi Ilmari foi um químico finlandês, galardoado com o Prémio Nobel da Química de 1945 pela sua investigação e invenções no domínio da química agrícola e nutricional, especialmente pelo seu método de conservação de forragens. Inventou a silagem AIV, que melhorou a produção de leite, e um método de conservação da manteiga, o sal AIV, que levou ao aumento das exportações finlandesas de manteiga.

1946 (Três pessoas)
James Batcheller Sumner

Estados Unidos

Nascido em: 19 de novembro de 1887, Canton, Massachusetts, Estados Unidos

Morreu: 12 de agosto de 1955, Buffalo, Nova Iorque, Estados Unidos

James Batcheller Sumner foi um químico americano. Descobriu que as enzimas podem ser cristalizadas, pelo que partilhou o Prémio Nobel da Química em 1946 com John Howard Northrop e Wendell Meredith Stanley. Foi também o primeiro a provar que as enzimas são proteínas e que estas podem ser cristalizadas.

John Howard Northrop

Estados Unidos

Nascido em: 5 de julho de 1891, Yonkers, Nova Iorque, Estados Unidos

Falecido: 27 de maio de 1987, Wickenburg, Arizona, Estados Unidos

John Howard Northrop foi um bioquímico americano que ganhou, juntamente com James Batcheller Sumner e Wendell Meredith Stanley, o Prémio Nobel da Química de 1946. O prémio foi atribuído pelo isolamento, cristalização e estudo de enzimas, proteínas e vírus por estes cientistas. Northrop era professor de Bacteriologia e Física Médica, emérito da Universidade da Califórnia, em Berkeley.

Wendell Meredith Stanley

Estados Unidos

Nascido em: 16 de agosto de 1904, Ridgeville, Indiana, Estados Unidos

Falecido: 15 de junho de 1971, Salamanca, Espanha

Wendell Meredith Stanley foi um bioquímico e virologista americano, galardoado com o Prémio Nobel em 1946.

1947 (Uma pessoa)
Sir Robert Robinson

Reino Unido

Nascido em: 13 de setembro de 1886, Derbyshire, Reino Unido

Falecido: 8 de fevereiro de 1975, Great Missenden, Reino Unido

Sir Robert Robinson OM, PRS, FRSE foi um químico orgânico inglês, galardoado com o Prémio Nobel em 1947 pela sua investigação sobre corantes vegetais (antocianinas) e alcalóides. Em 1947, recebeu também a Medalha da Liberdade com Palma de Prata.

1948 (Uma pessoa)
Arne Wilhelm Kaurin Tiselius

Suécia

Nascido em: 10 de agosto de 1902, Estocolmo, Suécia

Morreu em: 29 de outubro de 1971, Uppsala, Suécia

Arne Wilhelm Kaurin Tiselius foi um bioquímico sueco que ganhou o Prémio Nobel da Química em 1948 pela sua investigação sobre eletroforese e análise de adsorção, especialmente pelas suas descobertas sobre a natureza complexa das proteínas do soro.

1949 (Uma pessoa)
William Francis Giauque

Estados Unidos

Nascido em: 12 de maio de 1895, Niagara Falls, Canadá

Morreu: 28 de março de 1982, Berkeley, Califórnia, Estados Unidos

William Francis Giauque foi um químico americano, galardoado com o Prémio Nobel em 1949 pelos seus estudos sobre as propriedades da matéria a temperaturas próximas do zero absoluto e pelas suas contribuições no domínio da termodinâmica química, nomeadamente no que respeita ao comportamento das substâncias a temperaturas extremamente baixas. Passou praticamente toda a sua carreira académica e profissional na Universidade da Califórnia, em Berkeley.

1950 (Duas pessoas)
Otto Paul Hermann Diels

Alemanha Ocidental

Nascido em: 23 de janeiro de 1876, Hamburgo, Alemanha

Morreu: 7 de março de 1954, Kiel, Alemanha

Otto Paul Hermann Diels foi um químico alemão. O seu trabalho mais notável foi realizado com Kurt Alder na reação de Diels-Alder, um método para a síntese de dienos. A dupla foi galardoada com o Prémio Nobel da Química em 1950 pelo seu trabalho. O seu método de síntese de compostos orgânicos cíclicos revelou-se valioso para o fabrico de borracha e plástico sintéticos. Completou os seus estudos na Universidade de Berlim, onde trabalhou mais tarde. Diels trabalhava na Universidade de Kiel quando concluiu o seu trabalho vencedor do Prémio Nobel.

Kurt Alder

Alemanha Ocidental

Nascido em: 10 de julho de 1902, Chorzow, Polónia

Morreu: 20 de junho de 1958, Colónia, Alemanha

Kurt Alder foi um químico alemão, galardoado com o Prémio Nobel da Química em 1950 pela descoberta da síntese de Diels-Alder, juntamente com Otto Paul Hermann Diels.

1951   (Duas pessoas)
Edwin Mattison McMillan

Estados Unidos

Nascido em: 18 de setembro de 1907, Redondo Beach, Califórnia, Estados Unidos

Morreu: 7 de setembro de 1991, El Cerrito, Califórnia, Estados Unidos

Edwin Mattison McMillan foi um físico americano, a quem se atribui o facto de ter sido o primeiro a produzir um elemento transurânio, o neptúnio. Por este facto, partilhou o Prémio Nobel da Química com Glenn Seaborg em 1951.

Glenn Theodore Seaborg

Estados Unidos

Nascido em: 19 de abril de 1912, Ishpeming, Michigan, Estados Unidos

Falecido: 25 de fevereiro de 1999, Lafayette, Califórnia, Estados Unidos

Glenn Theodore Seaborg foi um químico americano cujo envolvimento na síntese, descoberta e investigação de dez elementos transuranianos lhe valeu uma parte do Prémio Nobel da Química de 1951.

1952   (Duas pessoas)
Archer John Porter Martin

Reino Unido

Nascido em: 1 de março de 1910, Londres, Reino Unido

Falecido em: 28 de julho de 2002, Llangarron, Reino Unido

Archer John Porter Martin, FRS foi um químico inglês que partilhou o Prémio Nobel da Química de 1952 pela invenção da cromatografia de partição com Richard Synge.

Richard Laurence Millington Synge

Reino Unido

Nascido em: 28 de outubro de 1914, Liverpool, Reino Unido

Falecido em: 18 de agosto de 1994, Norwich, Reino Unido

Richard Laurence Millington Synge FRS foi um bioquímico britânico, que partilhou com Archer Martin o Prémio Nobel da Química de 1952 pela invenção da cromatografia de partição.

1954 (Uma pessoa)
Linus Carl Pauling

Estados Unidos

Nascido em: 28 de fevereiro de 1901, Portland, Oregon, Estados Unidos

Morreu: 19 de agosto de 1994, Big Sur, Califórnia, Estados Unidos

Linus Carl Pauling foi um químico, bioquímico, ativista da paz, autor e educador americano. Publicou mais de 1.200 artigos e livros, dos quais cerca de 850 tratavam de temas científicos. A revista New Scientist considerou-o um dos 20 maiores cientistas de todos os tempos e, em 2000, foi classificado como o 16º cientista mais importante da história. Pauling foi um dos fundadores dos domínios da química quântica e da biologia molecular. Pauling também trabalhou na estrutura do ADN, um problema que foi resolvido por James Watson, Francis Crick, Rosalind Franklin e Maurice Wilkins. Nos seus últimos anos, promoveu o desarmamento nuclear, bem como a medicina ortomolecular, a terapia megavitamínica e os suplementos alimentares. Nenhum destes últimos ganhou aceitação na comunidade científica dominante. Pelo seu trabalho científico, Pauling foi galardoado com o Prémio Nobel da Química em 1954. Em 1962, pelo seu ativismo pacifista, pela sua investigação sobre a natureza da ligação química e a sua aplicação na elucidação da estrutura de substâncias complexas, foi-lhe atribuído o Prémio Nobel da Paz. É um dos quatro indivíduos que ganharam mais do que um Prémio Nobel (os outros são Marie Curie, John Bardeen e Frederick Sanger). Destes, é o único a receber dois prémios Nobel não partilhados e uma das duas pessoas a receber prémios Nobel em domínios diferentes, sendo a outra Marie Curie.

1955 (Uma pessoa)

Vincent du Vigneaud

Estados Unidos

Nascido em: 18 de maio de 1901, Chicago, Illinois, Estados Unidos

Morreu: 11 de dezembro de 1978, Ithaca, Nova Iorque, Estados Unidos

Vincent du Vigneaud foi um bioquímico americano. Recebeu o Prémio Nobel da Química de 1955 "pelo seu trabalho sobre compostos de enxofre bioquimicamente importantes, especialmente pela primeira síntese de uma hormona polipeptídica, uma referência ao seu trabalho sobre o péptido cíclico oxitocina.

1956 (Duas pessoas)

Sir Cyril Norman Hinshelwood

Reino Unido

Nascido em: 19 de junho de 1897, Londres, Reino Unido

Morreu: 9 de outubro de 1967, Chelsea, Londres, Reino Unido

Sir Cyril Norman Hinshelwood OM PRS foi um físico-químico inglês, laureado com o Prémio Nobel da Química em 1956 pelas suas investigações sobre o mecanismo das reacções químicas.

Nikolay Nikolaevich Semenov

União Soviética

Nascido em: 15 de abril de 1896, Saratov, Rússia

Morreu em: 25 de setembro de 1986, Moscovo, Rússia

Nikolay Nikolayevich Semyonov, ForMemRS foi um físico e químico russo/soviético. Semyonov foi galardoado com o Prémio Nobel da Química de 1956 pelo seu trabalho sobre o mecanismo da transformação química.

1957   (Uma pessoa)
Senhor (Alexander R.) Todd

Reino Unido

Nascido em: 2 de outubro de 1907, Cathcart

Falecido: 10 de janeiro de 1997, Oakington, Reino Unido

Alexander Robertus Todd, Barão Todd OM, PRS, FRSE foi um bioquímico britânico cuja investigação sobre a estrutura e a síntese de nucleótidos, nucleósidos e coenzimas de nucleótidos lhe valeu o Prémio Nobel da Química em 1957.

1958   (Uma pessoa)
Frederick Sanger

Reino Unido

Nascido em: 13 de agosto de 1918, Rendcomb, Reino Unido

Falecido: 19 de novembro de 2013, Cambridge, Reino Unido

Frederick Sanger OM, CH, CBE FAA, foi um bioquímico britânico que ganhou duas vezes o Prémio Nobel da Química, uma das duas únicas pessoas a fazê-lo na mesma categoria (a outra é John Bardeen, em física), a quarta pessoa no total com dois Prémios Nobel e a terceira pessoa no total com dois Prémios Nobel nas ciências. Em 1958, foi galardoado com o Prémio Nobel da Química pelos seus trabalhos sobre a estrutura das proteínas, nomeadamente a da insulina. Em 1980, Walter Gilbert e Sanger partilharam metade do prémio de química pelas suas contribuições para a determinação das sequências de bases dos ácidos nucleicos. A outra metade foi atribuída a Paul Berg pelos seus estudos fundamentais sobre a bioquímica dos ácidos nucleicos, nomeadamente sobre o ADN recombinante.

1959 (Uma pessoa)
Jaroslav Heyrovsky

Checoslováquia

Nascido em: 20 de dezembro de 1890, Praga, República Checa
Morreu em: 27 de março de 1967, Praga, República Checa

Jaroslav Heyrovsky foi um químico e inventor checo. Heyrovsky foi o inventor do método polarográfico, pai do método electroanalítico e galardoado com o Prémio Nobel em 1959 pela sua descoberta e desenvolvimento dos métodos polarográficos de análise. O seu principal domínio de trabalho foi a polarografia.

1960 (Uma pessoa)
Willard Frank Libby

Estados Unidos

Nascido em: 17 de dezembro de 1908, Grand Valley
Morreu: 8 de setembro de 1980, Los Angeles, Califórnia, Estados Unidos

Willard Frank Libby foi um físico-químico americano conhecido pelo seu papel no desenvolvimento, em 1949, da datação por radiocarbono, um processo que revolucionou a arqueologia e a paleontologia. Pelas suas contribuições para a equipa que desenvolveu este processo, Libby recebeu o Prémio Nobel da Química em 1960 pelo seu método de utilização do carbono-14 para a determinação da idade em arqueologia, geologia, geofísica e outros ramos da ciência.

1961 (Uma pessoa)
Melvin Calvin

Estados Unidos

Nascido em: 8 de abril de 1911, Saint Paul, Minnesota, Estados Unidos

Morreu em: 8 de janeiro de 1997, Berkeley, Califórnia, Estados Unidos

Melvin Ellis Calvin foi um bioquímico americano famoso pela descoberta do ciclo de Calvin, juntamente com Andrew Benson e James Bassham, pelo qual lhe foi atribuído o Prémio Nobel da Química de 1961 pela sua investigação sobre a assimilação do dióxido de carbono nas plantas.

1962 (Duas pessoas)
Max Ferdinand Perutz

Reino Unido

Nascido em: 19 de maio de 1914, Viena, Áustria

Falecido em: 6 de fevereiro de 2002, Cambridge, Reino Unido

Max Ferdinand Perutz OM, CH, CBE FRS foi um biólogo molecular britânico nascido na Áustria, que partilhou o Prémio Nobel da Química de 1962 com John Kendrew, pelos seus estudos sobre as estruturas da hemoglobina e da mioglobina.

John Cowdery Kendrew

Reino Unido

Nascido em: 24 de março de 1917, Oxford, Reino Unido

Falecido em: 23 de agosto de 1997, Cambridge, Reino Unido

Sir John Cowdery Kendrew, CBE, FRS foi um bioquímico e cristalógrafo inglês que partilhou o Prémio Nobel da Química de 1962 com Max Perutz; o seu grupo no Laboratório Cavendish investigou a estrutura das proteínas que contêm heme.

1963   (Duas pessoas)

Karl Ziegler

Alemanha Ocidental

Nascido em: 26 de novembro de 1898, Helsa, Alemanha
Morreu: 12 de agosto de 1973, Mulheim, Alemanha

Karl Waldemar Ziegler foi um químico alemão que ganhou o Prémio Nobel da Química em 1963, juntamente com Giulio Natta, pelo seu trabalho sobre polímeros.

Giulio Natta

Itália

Nascido em: 26 de fevereiro de 1903, Imperia, Itália

Morreu: 2 de maio de 1979, Bergamo, Itália

Giulio Natta foi um químico italiano, laureado com o Prémio Nobel. Foi galardoado com o Prémio Nobel da Química em 1963, juntamente com Karl Ziegler, pelo seu trabalho sobre polímeros elevados. Foi também galardoado com a Medalha de Ouro Lomonosov em 1969.

1964 (Uma pessoa)

Dorothy Crowfoot Hodgkin

Reino Unido

Nascido em: 12 de maio de 1910, Cairo, Egipto

Falecido: 29 de julho de 1994, Crab Mill, Broughall, Reino Unido

Dorothy Mary Crowfoot Hodgkin OM, FRS foi uma química britânica que desenvolveu a cristalografia de proteínas por técnicas de raios X das estruturas de importantes substâncias bioquímicas, pelo que ganhou o Prémio Nobel da Química em 1964.

1965 (Uma pessoa)
Robert Burns Woodward

Estados Unidos

Nascido em: 10 de abril de 1917, Boston, Massachusetts, Estados Unidos

Morreu: 8 de julho de 1979, Cambridge, Massachusetts, Estados Unidos

Robert Burns Woodward foi um químico orgânico americano. É considerado por muitos como o químico orgânico mais proeminente do século XX, tendo feito muitas contribuições importantes para o assunto, especialmente na síntese de produtos naturais complexos e na determinação da sua estrutura molecular. Trabalhou também em estreita colaboração com Roald Hoffmann em estudos teóricos de reacções químicas. Foi galardoado com o Prémio Nobel da Química em 1965 pelos seus feitos notáveis na arte da síntese orgânica.

1966 (Uma pessoa)
Robert S. Mulliken

Estados Unidos

Nascido em: 7 de junho de 1896, Newburyport, Massachusetts, Estados Unidos

Morreu em: 31 de outubro de 1986, Condado de Arlington, Virgínia, Estados Unidos

Robert Sanderson Mulliken ForMemRS foi um físico e químico americano, principal responsável pelo desenvolvimento inicial da teoria das orbitais moleculares, ou seja, pela elaboração do método das orbitais moleculares para calcular a estrutura das moléculas. Foi galardoado com o Prémio Nobel da Química em 1966 pelo seu trabalho fundamental sobre as ligações químicas e a estrutura eletrónica das moléculas através do método das orbitais moleculares.

1967 (Três pessoas)
Manfred Eigen

Alemanha Ocidental

Nascido em: 9 de maio de 1927 (90 anos), Bochum, Alemanha

Manfred Eigen é um químico biofísico alemão que ganhou o Prémio Nobel da Química de 1967 pelo seu trabalho na medição de reacções químicas rápidas, efectuadas através da perturbação do equilíbrio por meio de impulsos de energia muito curtos.

Ronald George Wreyford Norrish

Reino Unido

Nascido em: 9 de novembro de 1897, Cambridge, Reino Unido

Falecido: 7 de junho de 1978, Cambridge, Reino Unido

Ronald George Wreyford Norrish FRS foi um químico britânico a quem foi atribuído o Prémio Nobel da Química em 1967.

George Porter

Reino Unido

Nascido em: 6 de dezembro de 1920, Stainforth, Reino Unido

Falecido em: 31 de agosto de 2002, Canterbury, Reino Unido

George Hornidge Porter, Barão Porter de Luddenham OM, PRS foi um químico britânico. Foi galardoado com o Prémio Nobel da Química em 1967.

1968   (Uma pessoa)
Lars Onsager

Estados Unidos

Nascido em: 27 de novembro de 1903, Oslo, Noruega

Morreu: 5 de outubro de 1976, Coral Gables, Florida, Estados Unidos

Lars Onsager foi um físico-químico e físico teórico americano nascido na Noruega. Foi professor de Química Teórica na Universidade de Yale. Recebeu o Prémio Nobel da Química em 1968 pela descoberta das relações recíprocas com o seu nome, que são fundamentais para a termodinâmica dos processos irreversíveis.

1969   (Duas pessoas)
Derek H. R. Barton

Reino Unido

Nascido em: 8 de setembro de 1918, Gravesend, Reino Unido

Falecido: 16 de março de 1998, College Station, Texas, Estados Unidos

Sir Derek Harold Richard Barton FRS, FRSE foi um químico orgânico inglês, laureado com o Prémio Nobel em 1969 pelas contribuições para o desenvolvimento do conceito de conformação e sua aplicação na química.

Odd Hassel

Noruega

Nascido em: 17 de maio de 1897, Oslo, Noruega

Morreu em: 11 de maio de 1981, Oslo, Noruega

Odd Hassel foi um físico-químico norueguês, galardoado com o Prémio Nobel da Química em 1969.

1970 (Uma pessoa)
Luis F. Leloir

Argentina

Nascido em: 6 de setembro de 1906, Paris, França

Morreu: 2 de dezembro de 1987, Buenos Aires, Argentina

Luis Federico Leloir ForMemRS foi um médico e bioquímico argentino que recebeu o Prémio Nobel da Química de 1970 pela sua descoberta dos nucleótidos de açúcar e do seu papel na biossíntese dos hidratos de carbono.

1971 (Uma pessoa)
Gerhard Herzberg

Canadá
Alemanha Ocidental

Nascido em: 25 de dezembro de 1904, Hamburgo, Alemanha

Morreu: 3 de março de 1999, Ottawa, Canadá

Gerhard Heinrich Friedrich Otto Julius Herzberg, PC, CC, FRSC, FRS foi um físico e físico-químico pioneiro germano-canadiano, galardoado com o Prémio Nobel da Química em 1971, pelos seus contributos para o conhecimento da estrutura eletrónica e da geometria das moléculas, em especial dos radicais livres. Os principais trabalhos de Herzberg incidiram sobre a espetroscopia atómica e molecular. É conhecido pela utilização destas técnicas para determinar as estruturas de moléculas diatómicas e poliatómicas, incluindo os radicais livres, que são difíceis de investigar de qualquer outra forma.

1972 (Três pessoas)
Christian B. Anfinsen

Estados Unidos

Nascido em: 26 de março de 1916, Monessen, Pensilvânia, Estados Unidos

Falecido: 14 de maio de 1995, Randallstown, Maryland, Estados Unidos

Christian Boehmer Anfinsen, Jr. é um bioquímico americano. Partilhou o Prémio Nobel da Química de 1972 com Stanford Moore e William Howard Stein pelo seu trabalho sobre a ribonuclease, especialmente no que diz respeito à relação entre a sequência de aminoácidos e a conformação biologicamente ativa.

Stanford Moore

Estados Unidos

Nascido em: 4 de setembro de 1913, Chicago, Illinois, Estados Unidos
Morreu: 23 de agosto de 1982, Nova Iorque, Nova Iorque, Estados Unidos

Stanford Moore foi um bioquímico americano. Partilhou o Prémio Nobel da Química em 1972 (com Christian B. Anfinsen e William Howard Stein), pelo trabalho realizado na Universidade Rockefeller sobre a estrutura da enzima ribonuclease e por contribuir para a compreensão da relação entre a estrutura química e a atividade catalítica da molécula de ribonuclease.

William H. Stein

Estados Unidos

Nascido em: 25 de junho de 1911, Nova Iorque, Nova Iorque, Estados Unidos

Morreu: 2 de fevereiro de 1980, Nova Iorque, Nova Iorque, Estados Unidos

William H. Stein foi galardoado com o Prémio Nobel da Química em 1972, juntamente com Christian Boehmer Anfinsen e Stanford Moore, pelo seu trabalho sobre a ribonuclease e pela sua contribuição para a compreensão da relação entre a estrutura química e a atividade catalítica da molécula de ribonuclease.

1973   (Uma pessoa)

Ernst Otto Fischer Geoffrey Wilkinson

Alemanha Ocidental

Reino Unido

Nascido em: 10 de novembro de 1918

Solln, perto de Munique, Império Alemão

Morreu em: 23 de julho de 2007

Ernst Otto Fischer foi um químico alemão que ganhou o Prémio Nobel pelo trabalho pioneiro na área da química organometálica pelo trabalho pioneiro, realizado de forma independente, sobre a química dos compostos organometálicos, os chamados compostos sanduíche.

1974   (Uma pessoa)

Paul J. Flory

Estados Unidos

Nascido em: 19 de junho de 1910, Sterling, Illinois, Estados Unidos

Morreu: 9 de setembro de 1985, Big Sur, Califórnia, Estados Unidos

Paul John Flory foi um químico americano, laureado com o Prémio Nobel, conhecido pelo seu trabalho no domínio dos polímeros, ou macromoléculas. Foi um dos principais pioneiros na compreensão do comportamento dos polímeros em solução e ganhou o Prémio Nobel da Química em 1974 pelos seus feitos fundamentais, tanto teóricos como experimentais, na físico-química das macromoléculas.

1975 (Duas pessoas)
John Warcup Cornforth

Austrália

Reino Unido

Nascido em: 7 de setembro de 1917, Sydney, Austrália

Faleceu: 8 de dezembro de 2013, Sussex, Reino Unido

Sir John Warcup "Kappa" Cornforth, Jr., AC, CBE, FRS, FAA, foi um químico australiano-britânico que ganhou o Prémio Nobel da Química em 1975 pelo seu trabalho sobre a estereoquímica das reacções catalisadas por enzimas, tornando-se o único laureado com o Nobel nascido em Nova Gales do Sul.

Vladimir Prelog

Jugoslávia

Suíça

Nascido em: 23 de julho de 1906, Sarajevo, Bósnia-Herzegovina

Morreu em: 7 de janeiro de 1998, Zurique, Suíça

Vladimir Prelog ForMemRS foi um químico orgânico croata-suíço que recebeu o Prémio Nobel da Química de 1975 pela sua investigação sobre a estereoquímica das moléculas e reacções orgânicas.

1976 (Uma pessoa)
William N. Lipscomb

Estados Unidos

Nascido em: 9 de dezembro de 1919, Cleveland, Ohio, Estados Unidos

Falecido: 14 de abril de 2011, Cambridge, Massachusetts, Estados Unidos

William Nunn Lipscomb, Jr. foi um químico inorgânico e orgânico americano, galardoado com o

Prémio Nobel em 1976, que trabalhou em ressonância magnética nuclear, química teórica, química do boro e bioquímica. Foi galardoado com o Prémio Nobel pelos seus estudos sobre a estrutura dos boranos, que permitiram esclarecer problemas de ligação química.

1977   (Uma pessoa)

Ilya Prigogine

Bélgica

Nascido em: 25 de janeiro de 1917, Moscovo, Rússia

Falecido em: 28 de maio de 2003, Bruxelas, Bélgica

O Visconde Ilya Romanovich Prigogine foi um físico-químico belga, laureado com o Prémio Nobel, conhecido pelo seu trabalho sobre estruturas dissipativas, sistemas complexos e irreversibilidade. Foi galardoado com o Prémio Nobel da Química em 1977 pelos seus contributos para a termodinâmica de não-equilíbrio, em especial a teoria das estruturas dissipativas.

1978   (Uma pessoa)

Peter D. Mitchell

Reino Unido

Nascido em: 29 de setembro de 1920, Mitcham, Reino Unido

Falecido em: 10 de abril de 1992, Bodmin, Reino Unido

Peter Dennis Mitchell, FRS foi um bioquímico britânico a quem foi atribuído o Prémio Nobel da Química de 1978.

Química pela sua descoberta do mecanismo quimiosmótico da síntese de ATP.

1979 (Duas pessoas)
Herbert C. Brown

Estados Unidos

Nascido em: 22 de maio de 1912, Londres, Reino Unido

Falecido: 19 de dezembro de 2004, Lafayette, Indiana, Estados Unidos

Herbert Charles Brown foi um químico americano nascido na Inglaterra e galardoado com o Prémio Nobel da Química de 1979 pelo seu trabalho com organoboranos e pelo desenvolvimento da utilização de compostos contendo boro e fósforo, respetivamente, como reagentes importantes na síntese orgânica.

Georg Wittig

Alemanha Ocidental

Nascido em: 16 de junho de 1897, Berlim, Alemanha

Falecido em: 26 de agosto de 1987, Heidelberg, Alemanha

Georg Wittig foi um químico alemão que descreveu um método para a síntese de alcenos a partir de aldeídos e cetonas, utilizando compostos chamados ylides de fosfónio na reação de Wittig. Partilhou o Prémio Nobel da Química com Herbert C. Brown em 1979.

1980 (Três pessoas)
Paul Berg

Estados Unidos

Nasceu em: 30 de junho de 1926 (91 anos), Brooklyn, Nova Iorque, Nova Iorque, Estados Unidos

Paul Berg é um bioquímico americano e professor emérito da Universidade de Stanford. Recebeu o Prémio Nobel da Química em 1980, juntamente com Walter Gilbert e Frederick Sanger. O prémio reconheceu as suas contribuições para a investigação fundamental no domínio dos ácidos nucleicos pelos seus estudos fundamentais sobre a bioquímica dos ácidos nucleicos, em especial no que se refere ao ADN recombinante.

Walter Gilbert

Estados Unidos

Nascido em: 21 de março de 1932 (85 anos), Boston, Massachusetts, Estados Unidos

Walter Gilbert é um bioquímico americano, físico, pioneiro da biologia molecular e laureado com o Prémio Nobel pelos seus contributos para a determinação das sequências de bases nos ácidos nucleicos.

Frederick Sanger

Reino Unido

Nascido em: 13 de agosto de 1918, Rendcomb, Reino Unido
Falecido: 19 de novembro de 2013, Cambridge, Reino Unido

Frederick Sanger OM, CH, CBE FAA foi um bioquímico britânico que ganhou duas vezes o Prémio Nobel da Química, sendo uma das duas únicas pessoas a fazê-lo na mesma categoria (a outra é John Bardeen em física), a quarta pessoa no total com dois Prémios Nobel e a terceira pessoa no total com dois Prémios Nobel nas ciências. Em 1958, foi galardoado com o Prémio Nobel da Química pelos seus trabalhos sobre a estrutura das proteínas, nomeadamente a da insulina. Em 1980, Walter Gilbert e Sanger partilharam metade do prémio de química pelas suas contribuições para a determinação das sequências de bases dos ácidos nucleicos. A outra metade foi atribuída a Paul Berg pelos seus estudos fundamentais sobre a bioquímica dos ácidos nucleicos, nomeadamente sobre o ADN recombinante.

1981 (Duas pessoas)

Kenichi Fukui

Japão

Nascido em: 4 de outubro de 1918

Morreu em: 9 de janeiro de 1998, Quioto, Prefeitura de Quioto, Japão

Kenichi Fukui foi um químico japonês, conhecido como o primeiro cientista asiático a receber um Prémio Nobel da Química. O Professor Fukui foi co-recipiente do Prémio Nobel da Química em

1981 com Roald Hoffmann, pelas suas investigações independentes sobre os mecanismos das reacções químicas. O seu trabalho premiado centrou-se no papel das orbitais de fronteira nas reacções químicas: especificamente, as moléculas partilham electrões fracamente ligados que ocupam as orbitais de fronteira, ou seja, a orbital molecular mais ocupada (HOMO) e a orbital molecular menos ocupada (LUMO).

Roald Hoffmann

Estados Unidos

Nascido em: 18 de julho de 1937 (80 anos), Zolochiv, Ucrânia

Roald Hoffmann é um químico teórico americano que recebeu o Prémio Nobel da Química em 1981.

1982 (Uma pessoa)
Aaron Klug

Reino Unido

Nascido em: 11 de agosto de 1926 (91 anos), Lituânia

Sir Aaron Klug OM, HonFRMS PRS, é um químico e biofísico britânico nascido na Lituânia, galardoado com o Prémio Nobel da Química em 1982 pelo seu desenvolvimento da microscopia eletrónica cristalográfica e pela elucidação estrutural de complexos ácido nucleico-proteína biologicamente importantes.

1983 (Uma pessoa)
Henry Taube

Estados Unidos

Nascido em: 30 de novembro de 1915, Neudorf, Canadá

Falecido: 16 de novembro de 2005, Palo Alto, Califórnia, Estados Unidos

Henry Taube, Ph.D, M.Sc, B.Sc., FRSC foi um químico americano nascido no Canadá, conhecido por ter sido galardoado com o Prémio Nobel da Química de 1983 pelo seu trabalho sobre os mecanismos das reacções de transferência de electrões, especialmente em complexos metálicos. Foi o segundo químico nascido no Canadá a ganhar o Prémio Nobel e continua a ser o único laureado Nobel nascido em Saskatchewan.

1984   (Uma pessoa)
Robert Bruce Merrifield

Estados Unidos

Nascido em: 15 de julho de 1921, Fort Worth, Texas, Estados Unidos

Falecido: 14 de maio de 2006, Cresskill, Nova Jersey, Estados Unidos

Robert Bruce Merrifield foi um bioquímico americano que ganhou o Prémio Nobel da Química em 1984 pela invenção da síntese de péptidos em fase sólida.

1985   (Duas pessoas)
Herbert A. Hauptman

Estados Unidos

Nascido em: 14 de fevereiro de 1917, Nova Iorque, Nova Iorque, Estados Unidos

Falecido: 23 de outubro de 2011, Buffalo, Nova Iorque, Estados Unidos

Herbert Aaron Hauptman foi um matemático americano, galardoado com o Prémio Nobel. Foi pioneiro e desenvolveu um método matemático que mudou todo o domínio da química e abriu uma nova era na investigação da determinação de estruturas moleculares de materiais cristalizados. Hoje em dia, os métodos directos de Hauptman, que ele continuou a melhorar e a aperfeiçoar, são utilizados regularmente para resolver estruturas complicadas. Foi a aplicação deste método matemático a uma grande variedade de estruturas químicas que levou a Academia Real das Ciências da Suécia a nomear Hauptman e Jerome Karle para o Prémio Nobel da Química de 1985.

Jerónimo Karle

Estados Unidos

Nascido em: 18 de junho de 1918, Brooklyn, Nova Iorque, Nova Iorque, Estados Unidos

Faleceu: 6 de junho de 2013, Annandale, Virgínia, Estados Unidos

Jerome Karle foi um físico-químico americano. Juntamente com Herbert A. Hauptman, foi galardoado com o Prémio Nobel da Química em 1985, pela análise direta de estruturas cristalinas utilizando técnicas de dispersão de raios X.

1986 (Três pessoas)
Dudley R. Herschbach

Estados Unidos
Nascido em: 18 de junho de 1932 (85 anos), San Jose, Califórnia, Estados Unidos
Dudley Robert Herschbach é um químico americano da Universidade de Harvard. Foi galardoado com o Prémio Nobel da Química de 1986, juntamente com Yuan T. Lee e John C. Polanyi, pelos seus contributos para a dinâmica dos processos químicos elementares.

Yuan T. Lee

Estados Unidos
Taiwan
Nascido em: 19 de novembro de 1936 (80 anos), Prefeitura de Shinchiku
Yuan Tseh Lee é um químico taiwanês. Foi o primeiro taiwanês laureado com o Prémio Nobel, que, juntamente com o húngaro-canadiano John C. Polanyi e o americano Dudley R. Herschbach, ganhou o Prémio Nobel da Química em 1986 pelas contribuições para a dinâmica dos processos químicos elementares.

John C. Polanyi

Canadá
Hungria
Nascido em: 23 de janeiro de 1929 (88 anos), Berlim, Alemanha
John Charles Polanyi, PC, CC, FRSC, OOnt FRS é um químico húngaro-canadiano que ganhou o Prémio Nobel da Química em 1986, pela sua investigação em cinética química.

1987   (Três pessoas)
Donald J. Cram

Estados Unidos

Nascido em: 22 de abril de 1919, Chester, Vermont, Estados Unidos
Morreu: 17 de junho de 2001, Palm Desert, Califórnia, Estados Unidos

Donald James Cram foi um químico americano que partilhou o Prémio Nobel da Química de 1987 com Jean-Marie Lehn e Charles J. Pedersen pelo desenvolvimento e utilização de moléculas com interacções específicas da estrutura de elevada seletividade.

Jean-Marie Lehn

França

Nascido em: 30 de setembro de 1939 (77 anos), Rosheim, França

Jean-Marie Lehn é um químico francês. Recebeu o Prémio Nobel da Química, juntamente com Donald Cram e Charles Pedersen, em 1987, pela síntese de criptanos. Lehn foi um dos primeiros inovadores no domínio da química supramolecular, ou seja, a química dos conjuntos moleculares hospedeiro-convidado criados por interacções intermoleculares, e continua a inovar neste domínio.

Charles J. Pedersen

Estados Unidos

Nascido em: 3 de outubro de 1904, Busan, Coreia do Sul
Falecido: 26 de outubro de 1989, Salem, Nova Jersey, Estados Unidos

Charles John Pedersen foi um químico orgânico americano mais conhecido pela descrição de métodos de síntese de éteres de coroa. Partilhou o Prémio Nobel da Química em 1987 com Donald J. Cram e Jean-Marie Lehn. O seu primeiro nome japonês é Yoshio. É o único laureado com o Prémio Nobel nascido na Coreia, para além de Kim Dae-jung, laureado com o Prémio da Paz.

1988 (Três pessoas)
Johann Deisenhofer

Alemanha Ocidental

Nascido em: 30 de setembro de 1943 (73 anos), Zusamaltheim, Alemanha

Johann Deisenhofer é um bioquímico alemão que, juntamente com Hartmut Michel e Robert Huber, recebeu o Prémio Nobel da Química em 1988 pela determinação da primeira estrutura cristalina tridimensional de uma proteína integral de membrana, um complexo de proteínas e cofactores ligados à membrana que é essencial para o centro de reação da fotossíntese.

Robert Huber

Alemanha Ocidental

Nascido em: 20 de fevereiro de 1937 (80 anos), Munique, Alemanha

Robert Huber é um bioquímico alemão, galardoado com o Prémio Nobel da Química em 1988.

Hartmut Michel

Alemanha Ocidental

Nascido em: 18 de julho de 1948 (69 anos), Ludwigsburg, Alemanha

Hartmut Michel é um bioquímico alemão que recebeu o Prémio Nobel da Química em 1988.

1989 (Duas pessoas)
Sidney Altman

Canadá
Estados Unidos

Nasceu em: 7 de maio de 1939 (78 anos), Montreal, Canadá

Sidney Altman é um biólogo molecular canadiano e americano, professor de Biologia Molecular, Celular e do Desenvolvimento e de Química na Universidade de Yale. Em 1989, partilhou o Prémio Nobel da Química com Thomas R. Cech pelo seu trabalho sobre as propriedades catalíticas do ARN.

Thomas Cech

Estados Unidos

Nascido em: 8 de dezembro de 1947 (69 anos), Chicago, Illinois, Estados Unidos

Thomas Robert Cech é um químico americano que partilhou o Prémio Nobel da Química de 1989 com Sidney Altman, pela sua descoberta das propriedades catalíticas do ARN. Cech descobriu que o próprio ARN podia cortar cadeias de ARN, o que mostrou que a vida poderia ter começado como ARN.

1990 (Uma pessoa)
Elias James Corey

Estados Unidos

Nascido em: 12 de julho de 1928 (idade 89), Methuen, Massachusetts, Estados Unidos

Elias James Corey é um químico orgânico americano. Em 1990, recebeu o Prémio Nobel da Química pelo seu desenvolvimento da teoria e metodologia da síntese orgânica, especificamente a análise retrosintética.

1991 (Uma pessoa)
Richard R. Ernst

Suíça

Nascido em: 14 de agosto de 1933 (84 anos), Winterthur, Suíça

Richard Robert Ernst é um físico-químico suíço, galardoado com o Prémio Nobel da Química.

Ernst foi galardoado com o Prémio Nobel da Química em 1991 pelas suas contribuições para o desenvolvimento da espetroscopia de Ressonância Magnética Nuclear (RMN) com transformada de Fourier.

1992   (Uma pessoa)
Rudolph A. Marcus

Estados Unidos
Canadá
Nascido em: 21 de julho de 1923 (94 anos), Montreal, Canadá
Rudolph Arthur Marcus é um químico nascido no Canadá que recebeu o Prémio Nobel da Química de 1992 pelos seus contributos para a teoria das reacções de transferência de electrões em sistemas químicos.

1993   (Duas pessoas)
Kary B. Mullis

Estados Unidos
Nascido em: 28 de dezembro de 1944 (72 anos), Lenoir, Carolina do Norte, Estados Unidos
Kary Banks Mullis é um bioquímico americano galardoado com o Prémio Nobel. Em reconhecimento do seu aperfeiçoamento da química baseada no ADN e da técnica da reação em cadeia da polimerase (PCR), partilhou o Prémio Nobel da Química de 1993 com Michael Smith e recebeu o Prémio do Japão no mesmo ano.

Michael Smith

Canadá
Nascido em: 26 de abril de 1932, Blackpool, Inglaterra
Morreu: 4 de outubro de 2000 Vancouver, British Columbia, Canadá
Michael Smith CC, OBC, FRS foi um bioquímico e empresário canadiano nascido no Reino Unido. Partilhou o Prémio Nobel da Química de 1993 com Kary Mullis pelo seu trabalho no

desenvolvimento da mutagénese dirigida ao local. O seu trabalho foi reconhecido pelas suas contribuições para o desenvolvimento de métodos no âmbito da química baseada no ADN, pelas suas contribuições fundamentais para o estabelecimento da mutagénese dirigida no local baseada em oligonucleótidos e pelo seu desenvolvimento para o estudo de proteínas.

1994 (Uma pessoa)
George A. Olah

Estados Unidos
Hungria
Nascido em: 22 de maio de 1927, Budapeste, Hungria
George Andrew Olah foi um químico húngaro e americano. A sua investigação envolveu a geração e reatividade de carbocátions através de superácidos. Por esta investigação, Olah foi galardoado com o Prémio Nobel da Química em 1994 pela sua contribuição para a química dos carbocátions.

1995 (Três pessoas)
Paul J. Crutzen

Países Baixos
Nascido em: 3 de dezembro de 1933 (83 anos), Amesterdão, Países Baixos
Paul Jozef Crutzen é um químico atmosférico holandês, galardoado com o Prémio Nobel da Química em 1995. É conhecido pelo seu trabalho de investigação sobre as alterações climáticas e por ter popularizado o termo Antropoceno para descrever uma nova era proposta, em que as acções humanas têm um efeito drástico sobre a Terra, pelo seu trabalho em química atmosférica, particularmente no que diz respeito à formação e decomposição do ozono.

Mario J. Molina

México
Nascido em: 19 de março de 1943 (74 anos), Cidade do México, México
Mario Jose Molina-Pasquel Henriquez (nascido a 19 de março de 1943) é um químico mexicano

conhecido pelo seu papel fundamental na descoberta do buraco do ozono na Antárctida. Em 2004, tornou-se professor na Universidade da Califórnia, em San Diego, e no Centro de Ciências Atmosféricas da Instituição Scripps de Oceanografia. Foi co-recipiente do Prémio Nobel da Química de 1995 pelo seu papel na elucidação da ameaça dos gases clorofluorocarbonetos (ou CFC) para a camada de ozono da Terra, tornando-se o primeiro cidadão nascido no México a receber um Prémio Nobel da Química.

F. Sherwood Rowland

Estados Unidos
Nascido em: 28 de junho de 1927, Delaware, Ohio, Estados Unidos
Morreu em: 10 de março de 2012, Corona del Mar, Newport Beach, Califórnia, Estados Unidos
Frank Sherwood Rowland foi um americano laureado com o Prémio Nobel da Química em 1995 e professor de química na Universidade da Califórnia, em Irvine. A sua investigação incidia sobre a química atmosférica e a cinética química. O seu trabalho mais conhecido foi a descoberta de que os clorofluorocarbonetos contribuem para a destruição da camada de ozono.

1996 (Três pessoas)
Robert F. Curl Jr.

Estados Unidos
Nascido em: 23 de agosto de 1933 (83 anos), Alice, Texas, Estados Unidos
Robert Floyd Curl, Jr. é Professor Emérito da Universidade, Professor Emérito Pitzer-Schlumberger de Ciências Naturais e Professor Emérito de Química na Universidade Rice. Foi galardoado com o Prémio Nobel da Química em 1996 pela descoberta do nanomaterial buckminsterfullerene, juntamente com Richard Smalley (também da Universidade de Rice) e Harold Kroto da Universidade de Sussex.

Sir Harold W. Kroto

Reino Unido
Nascido em: 7 de outubro de 1939, Wisbech, Reino Unido
Falecido: 30 de abril de 2016, Lewes, Reino Unido
Sir Harold Walter Kroto, FRS, conhecido como Harry Kroto, foi um químico inglês. Partilhou o

Prémio Nobel da Química de 1996 com Robert Curl e Richard Smalley pela descoberta dos fulerenos.

Richard E. Smalley

Estados Unidos
Nascido em: 6 de junho de 1943, Akron, Ohio, Estados Unidos
Faleceu em: 28 de outubro de 2005, University of Texas MD Anderson Cancer Center, Houston, Texas, Estados Unidos
Estados
Richard Errett Smalley foi o Professor de Química Gene e Norman Hackerman e Professor de Física e Astronomia na Universidade Rice, em Houston, Texas. Em 1996, juntamente com Robert Curl, também professor de química na Rice, e Harold Kroto, professor na Universidade de Sussex, foi galardoado com o Prémio Nobel da Química pela descoberta de uma nova forma de carbono, o buckminsterfullerene, também conhecido como buckyballs.

1997 (Três pessoas)
Paul D. Boyer

Estados Unidos
Nascido em: 31 de julho de 1918 (99 anos), Provo, Utah, Estados Unidos
Paul Delos Boyer partilhou o Prémio Nobel da Química de 1997 pela investigação sobre o mecanismo enzimático subjacente à biossíntese do trifosfato de adenosina (ATP) (ATP sintase) com John E. Walker, fazendo de Boyer o único laureado com o Nobel nascido no Utah; o resto do Prémio foi atribuído nesse ano ao químico dinamarquês Jens Christian Skou pela sua descoberta da Na^+/K^+-ATPase. É o mais velho laureado com o Prémio Nobel vivo, com 99 anos.

John E. Walker

Reino Unido
Nascido em: 7 de janeiro de 1941 (76 anos), Halifax, Reino Unido

Sir John Ernest Walker FRS, FMedSci é um químico britânico que recebeu o Prémio Nobel da Química em 1997.

Jens C. Skou

Dinamarca

Nascido em: 8 de outubro de 1918 (98 anos), Lemvig, Dinamarca

Jens Christian Skou (é um médico dinamarquês, galardoado com o Prémio Nobel da Química em 1997 pela primeira descoberta de uma enzima transportadora de iões, a Na+, K+ -ATPase.

1998   (Duas pessoas)
Walter Kohn

Estados Unidos

Nascido em: 9 de março de 1923, Viena, Áustria

Faleceu: 19 de abril de 2016, Santa Barbara, Califórnia, Estados Unidos

Walter Kohn foi um físico teórico e químico teórico americano nascido na Áustria. Foi galardoado, juntamente com John Pople, com o Prémio Nobel da Química em 1998 pelo seu desenvolvimento da teoria funcional da densidade.

John A. Pople

Reino Unido

Nascido em: 31 de outubro de 1925, Burnham-on-Sea, Reino Unido

Sir John Anthony Pople, KBE, FRS, foi um químico teórico a quem foi atribuído o Prémio Nobel da Química, juntamente com Walter Kohn, em 1998, pelo seu desenvolvimento de métodos computacionais em química quântica.

1999 (Uma pessoa) Ahmed Zewail

Egipto

Nascido em: 26 de fevereiro de 1946, Damanhur, Egipto

Ahmed Hassan Zewail foi um cientista egípcio-americano, conhecido como o pai da femtoquímica. Foi galardoado com o Prémio Nobel da Química de 1999 pelo seu trabalho em femtoquímica e tornou-se o primeiro egípcio a ganhar um Prémio Nobel numa área científica. O seu trabalho centra-se no estudo dos estados de transição das reacções químicas utilizando espetroscopia de femtossegundos.

2000 (Três pessoas)
Alan J. Heeger

Estados Unidos

Nascido em: 22 de janeiro de 1936 (81 anos), Sioux City, Iowa, Estados Unidos

Alan Jay Heeger é um físico americano, académico e laureado com o Prémio Nobel da Química pela descoberta e desenvolvimento de polímeros condutores.

Alan G. MacDiarmid

Estados Unidos

Nova Zelândia

Nascido em: 14 de abril de 1927, em Masterton, Nova Zelândia

Falecido: 7 de fevereiro de 2007, Drexel Hill, Pennsylvania, Estados Unidos

Alan Graham MacDiarmid, ONZ, FRS, foi um químico americano nascido na Nova Zelândia e um dos três galardoados com o Prémio Nobel da Química em 2000.

Hideki Shirakawa

Japão

Nascido a 20 de agosto de 1936 (81 anos), Prefeitura de Tóquio

Hideki Shirakawa é um químico japonês, galardoado com o Prémio Nobel da Química de 2000 pela sua descoberta de polímeros condutores, juntamente com o professor de física Alan J. Heeger e o professor de química Alan G. MacDiarmid, na Universidade da Pensilvânia.

2001   (Três pessoas)
William S. Knowles

Estados Unidos

Nascido em: 1 de junho de 1917, Taunton, Massachusetts, Estados Unidos

Falecido: 13 de junho de 2012, Chesterfield, Missouri, Estados Unidos

William Standish Knowles foi um químico americano. Nasceu em Taunton, Massachusetts. Knowles foi um dos galardoados com o Prémio Nobel da Química de 2001. Partilhou metade do prémio com Ryoji Noyori pelo seu trabalho em síntese assimétrica, especificamente pelo seu trabalho em reacções de hidrogenação. A outra metade foi atribuída a K. Barry Sharpless pelo seu trabalho em reacções de oxidação, pelo seu trabalho em reacções de hidrogenação catalisadas quiralmente.

Ryoji Noyori

Japão

Nascido em: 3 de setembro de 1938 (78 anos), Ashiya, Prefeitura de Hyogo, Japão

Ryoji Noyori é um químico japonês. Recebeu o Prémio Nobel da Química em 2001. Noyori partilhou metade do prémio com William S. Knowles pelo estudo das hidrogenações catalisadas por quiralidade; a segunda metade do prémio foi atribuída a K. Barry Sharpless pelo seu estudo das reacções de oxidação catalisadas por quiralidade (epoxidação de Sharpless).

K. Barry Sharpless

Estados Unidos

Nascido em: 28 de abril de 1941 (76 anos), Filadélfia, Pensilvânia, Estados Unidos

Karl Barry Sharpless é um químico americano conhecido pelo seu trabalho sobre reacções estereosselectivas. Foi galardoado com o Prémio Nobel da Química de 2001.

2002 (Três pessoas)
John B. Fenn

Estados Unidos

Nascido em: 15 de junho de 1917, Nova Iorque, Nova Iorque, Estados Unidos

Falecido: 10 de dezembro de 2010, Richmond, Virgínia, Estados Unidos

John Bennett Fenn foi um professor investigador americano de química analítica a quem foi atribuída uma parte do Prémio Nobel da Química em 2002. Fenn partilhou metade do prémio com Koichi Tanaka pelo seu trabalho em espetrometria de massa.

Koichi Tanaka

Japão

Nascido em: 3 de agosto de 1959 (58 anos), Toyama, Prefeitura de Toyama, Japão

Koichi Tanaka é um engenheiro japonês que partilhou o Prémio Nobel da Química em 2002 pelo desenvolvimento de um novo método de análise espectrométrica de massa de macromoléculas biológicas com John Bennett Fenn e Kurt Wuthrich (este último pelo trabalho em espetroscopia NMR) pelo desenvolvimento de métodos de identificação e análise da estrutura de macromoléculas biológicas pelo desenvolvimento de métodos de ionização por dessorção suave para análises espectrométricas de massa de macromoléculas biológicas.

Kurt Wuthrich

Suíça

Nascido em: 4 de outubro de 1938 (78 anos), Aarberg, Suíça

Kurt Wuthrich é um químico/biofísico suíço, laureado com o Prémio Nobel da Química, conhecido pelo desenvolvimento de métodos de ressonância magnética nuclear (RMN) para o estudo de macromoléculas biológicas. Foi galardoado com o Prémio Nobel da Química em 2002 pelo desenvolvimento de métodos de identificação e análise da estrutura de macromoléculas biológicas, pelo desenvolvimento da espetroscopia de ressonância magnética nuclear para determinar a estrutura tridimensional de macromoléculas biológicas em solução.

2003   (Duas pessoas)
Peter Agre

Estados Unidos

Nascido em: 30 de janeiro de 1949 (68 anos), Northfield, Minnesota, Estados Unidos

Peter Agre é um médico e biólogo molecular americano, Bloomberg Distinguished Professor na Johns Hopkins Bloomberg School of Public Health e na Johns Hopkins School of Medicine, e diretor do Johns Hopkins Malaria Research Institute. Em 2003, Agre e Roderick MacKinnon partilharam o Prémio Nobel da Química de 2003 por descobertas relativas a canais nas membranas celulares e pela descoberta de canais de água.

Roderick MacKinnon

Estados Unidos

Nascido em: 19 de fevereiro de 1956 (61 anos), Burlington, Massachusetts, Estados Unidos

Roderick MacKinnon é um professor de Neurobiologia Molecular e Biofísica na Universidade Rockefeller que ganhou o Prémio Nobel da Química juntamente com Peter Agre em 2003 pelo seu trabalho sobre a estrutura e o funcionamento dos canais iónicos.

2004 (Três pessoas)
Aaron Ciechanover

Israel

Nascido em: 1 de outubro de 1947 (69 anos), Haifa, Israel

Aaron Ciechanover é um biólogo israelita que ganhou o Prémio Nobel da Química em 2004 por ter caracterizado o método que as células utilizam para degradar e reciclar proteínas através da degradação de proteínas mediada pela ubiquitina.

Avram Hershko

Israel

Nascido em: 31 de dezembro de 1937 (79 anos), Karcag, Hungria

Avram Hershko é um bioquímico israelita nascido na Hungria e laureado com o Prémio Nobel da Química em 2004.

Irwin Rose

Estados Unidos

Nascido em: 16 de julho de 1926, Brooklyn, Nova Iorque, Nova Iorque, Estados Unidos
Falecido: 2 de junho de 2015, Deerfield, Massachusetts, Estados Unidos

Irwin Allan Rose foi um biólogo americano. Juntamente com Aaron Ciechanover e Avram Hershko, foi galardoado com o Prémio Nobel da Química de 2004 pela descoberta da degradação de proteínas mediada pela ubiquitina.

2005   (Três pessoas)
Yves Chauvin

França

Nascido em: 10 de outubro de 1930, Menen, Bélgica

Falecido: 27 de janeiro de 2015, Tours, França

Yves Chauvin foi um químico francês, laureado com o Prémio Nobel da Química em 2005. Ficou conhecido pelo seu trabalho de decifração do processo de metatese, pelo qual foi galardoado com o Prémio Nobel da Química de 2005, juntamente com Robert H. Grubbs e Richard R. Schrock, pelo desenvolvimento do método de metatese em síntese orgânica.

Robert H. Grubbs

Estados Unidos

Nascido em: 27 de fevereiro de 1942 (75 anos), Condado de Marshall, Kentucky, Estados Unidos

Robert Howard Grubbs é um químico americano e Professor Victor e Elizabeth Atkins de Química no Instituto de Tecnologia da Califórnia, no sul da Califórnia. Foi co-recipiente do Prémio Nobel da Química de 2005 pelo seu trabalho sobre a metatese de olefinas.

Richard R. Schrock

Estados Unidos

Nascido em: 4 de janeiro de 1945 (72 anos), Berne, Indiana, Estados Unidos

Richard Royce Schrock é um químico americano, laureado com o Prémio Nobel, reconhecido pelos seus contributos para a reação de metátese de olefinas utilizada em química orgânica.

2006 (Uma pessoa)
Roger D. Kornberg

Estados Unidos

Nascido em: 24 de abril de 1947 (70 anos), St. Louis, Missouri, Estados Unidos

Roger David Kornberg é um bioquímico americano e professor de biologia estrutural na Faculdade de Medicina da Universidade de Stanford. Kornberg foi galardoado com o Prémio Nobel da Química em 2006 pelos seus estudos sobre o processo pelo qual a informação genética do ADN é copiada para o ARN, a base molecular da transcrição eucariótica.

2007 (Uma pessoa)
Gerhard Ertl

Alemanha

Nascido em: 10 de outubro de 1936 (80 anos), Bad Cannstatt, Estugarda, Alemanha

Gerhard Ertl é um físico alemão e professor emérito do Departamento de Química Física, Fritz-Haber-Institut der Max-Planck-Gesellschaft em Berlim, Alemanha. A investigação de Ertl lançou as bases da moderna química das superfícies, que ajudou a explicar como as células de combustível produzem energia sem poluição, como os conversores catalíticos limpam os gases de escape dos automóveis e até porque é que o ferro enferruja, segundo a Academia Real das Ciências da Suécia. Ertl foi galardoado com o Prémio Nobel da Química de 2007 pelos seus estudos sobre processos químicos em superfícies sólidas. A Academia Nobel afirmou que Ertl forneceu uma descrição pormenorizada da forma como as reacções químicas ocorrem nas superfícies.

2008 (Três pessoas)
Osamu Shimomura

Japão

Nascido em: 27 de agosto de 1928 (88 anos), Fukuchiyama, Prefeitura de Quioto, Japão

Osamu Shimomura é um químico orgânico e biólogo marinho japonês, professor emérito do Marine Biological Laboratory (MBL) em Woods Hole, Massachusetts, e da Faculdade de Medicina da

Universidade de Boston. Foi galardoado com o Prémio Nobel da Química em 2008 pela descoberta e desenvolvimento da proteína verde fluorescente (GFP) com dois cientistas americanos: Martin Chalfie da Universidade de Columbia e Roger Tsien da Universidade da Califórnia-San Diego.

Martin Chalfie

Estados Unidos
Nascido em: 15 de janeiro de 1947 (70 anos), Chicago, Illinois, Estados Unidos
Martin Lee Chalfie é um cientista americano. É professor universitário na Universidade de Columbia. Partilhou o Prémio Nobel da Química de 2008 com Osamu Shimomura e Roger Y. Tsien pela descoberta e desenvolvimento da proteína verde fluorescente, GFP.

Roger Y. Tsien

Estados Unidos
Nascido em: 1 de fevereiro de 1952, Nova Iorque, Nova Iorque, Estados Unidos
Roger Yonchien Tsien foi um bioquímico americano. Foi professor de química e bioquímica na Universidade da Califórnia, em San Diego, e foi galardoado com o Prémio Nobel da Química de 2008 pela sua descoberta e desenvolvimento da proteína fluorescente verde, em colaboração com o químico orgânico Osamu Shimomura e o neurobiólogo Martin Chalfie. Tsien foi também um pioneiro da imagiologia de cálcio.

2009 (Três pessoas)
Venkatraman Ramakrishnan

Estados Unidos
Índia
Reino Unido
Nascido em: 1952, Chidambaram
Venkatraman Ramakrishnan é um biólogo estrutural indiano-americano-britânico de origem indiana. É o atual Presidente da Royal Society, ocupando o cargo desde novembro de 2015. Em

2009, partilhou o Prémio Nobel da Química com Thomas A. Steitz e Ada Yonath, por estudos sobre a estrutura e a função do ribossoma.

Thomas A. Steitz

Estados Unidos

Nascido em: 23 de agosto de 1940 (76 anos), Milwaukee, Wisconsin, Estados Unidos

Thomas Arthur Steitz é um bioquímico, professor de Biofísica Molecular e Bioquímica na Universidade de Yale e investigador do Howard Hughes Medical Institute, mais conhecido pelo seu trabalho pioneiro sobre o ribossoma. Steitz foi galardoado com o Prémio Nobel da Química de 2009, juntamente com Venkatraman Ramakrishnan e Ada Yonath, pelos estudos sobre a estrutura e a função do ribossoma.

Ada E. Yonath

Israel

Nascido em: 22 de junho de 1939 (78 anos), Geula, Jerusalém, Israel

Ada E. Yonath é uma cristalógrafa israelita mais conhecida pelo seu trabalho pioneiro sobre a estrutura do ribossoma. Em 2009, recebeu o Prémio Nobel da Química, juntamente com Venkatraman Ramakrishnan e Thomas A. Steitz, pelos seus estudos sobre a estrutura e a função do ribossoma, tornando-se a primeira mulher israelita a ganhar o Prémio Nobel entre os dez laureados israelitas, a primeira mulher do Médio Oriente a ganhar um Prémio Nobel das Ciências e a primeira mulher em 45 anos a ganhar o Prémio Nobel da Química. No entanto, ela própria afirmou que não havia nada de especial no facto de uma mulher ganhar o Prémio.

2010 (Três pessoas)

Richard F. Heck

Estados Unidos

Nascido em: 15 de agosto de 1931, Springfield, Massachusetts, Estados Unidos

Morreu em: 10 de outubro de 2015, Manila, Filipinas

Richard Frederick Heck foi um químico americano conhecido pela descoberta e desenvolvimento da reação de Heck, que utiliza o paládio para catalisar reacções químicas orgânicas que acoplam halogenetos de arilo a alcenos. O analgésico naproxeno é um exemplo de um composto que é preparado industrialmente utilizando a reação de Heck. Pelo seu trabalho em reacções de acoplamento catalisadas por paládio e síntese orgânica, Heck foi galardoado com o Prémio Nobel da Química de 2010, partilhado com os químicos japoneses Ei-ichi Negishi e Akira *Suzuki*.

Ei-ichi Negishi

Japão

Nascido em 14 de julho de 1935 (82 anos), Hsinking Ei-ichi Negishi é um químico americano de origem japonesa, nascido na Manchúria, que passou a maior parte da sua carreira na Universidade de Purdue, nos Estados Unidos. É mais conhecido pela sua descoberta do acoplamento de Negishi. Recebeu o Prémio Nobel da Química de 2010 pelos acoplamentos cruzados catalisados por paládio em síntese orgânica, juntamente com Richard F. Heck e Akira Suzuki.

Akira Suzuki

Japão

Nascido em: 12 de setembro de 1930 (86 anos), Mukawa, Prefeitura de Hokkaido, Japão

Akira Suzuki é um químico japonês, laureado com o Prémio Nobel em 2010, que publicou pela primeira vez a reação de Suzuki, a reação orgânica de um ácido arilo ou vinil-borónico com um halogeneto de arilo ou vinilo catalisada por um complexo de paládio(0), em 1979.

2011 (Uma pessoa)
Dan Shechtman

Israel

Nascido em: 24 de janeiro de 1941 (76 anos), Tel Aviv, Israel

Dan Shechtman foi galardoado com o Prémio Nobel da Química de 2011 pela descoberta dos quasicristais, o que faz dele um dos seis israelitas que ganharam o Prémio Nobel da Química.

2012 (Duas pessoas)
Robert Lefkowitz

Estados Unidos

Nascido em: 15 de abril de 1943 (74 anos), Nova Iorque, Nova Iorque, Estados Unidos

Robert Joseph Lefkowitz é um médico americano (internista e cardiologista) e bioquímico. É mais conhecido pelas suas descobertas inovadoras que revelam o funcionamento interno de uma importante família de receptores acoplados à proteína G, pelas quais foi galardoado com o Prémio Nobel da Química de 2012, juntamente com Brian Kobilka.

Brian Kobilka

Estados Unidos

Nascido em: 30 de maio de 1955 (62 anos), Little Falls, Minnesota, Estados Unidos

Brian Kent Kobilka é um fisiologista americano que recebeu o Prémio Nobel da Química de 2012, juntamente com Robert Lefkowitz, por descobertas que revelam o funcionamento interno de importantes receptores acoplados à proteína G.

2013 (Três pessoas)
Martin Karplus

Estados Unidos, Áustria

Nascido em: 15 de março de 1930 (87 anos), Viena, Áustria

Martin Karplus é um químico teórico americano nascido na Áustria. É o professor emérito de Química Theodore William Richards na Universidade de Harvard. É também Diretor do Laboratório de Química Biofísica, um laboratório conjunto entre o Centro Nacional Francês de Investigação Científica e a Universidade de Estrasburgo, França. Karplus recebeu o Prémio Nobel da Química de 2013, juntamente com Michael Levitt e Arieh Warshel, pelo desenvolvimento de modelos multiescala para sistemas químicos complexos.

Michael Levitt

Estados Unidos, Reino Unido, Israel

Nascido em: 9 de maio de 1947 (70 anos), Pretória, África do Sul

Michael Levitt, FRS é um biofísico americano-britânico-israelita e professor de biologia estrutural na Universidade de Stanford, cargo que ocupa desde 1987. Levitt recebeu o Prémio Nobel da Química de 2013, juntamente com Martin Karplus e Arieh Warshel, pelo desenvolvimento de modelos multiescala para sistemas químicos complexos.

Arieh Warshel

Estados Unidos, Israel

Nascido em: 20 de novembro de 1940 (76 anos), Kibbutz

Arieh Warshel recebeu o Prémio Nobel da Química de 2013, juntamente com Michael Levitt e Martin Karplus, pelo desenvolvimento de modelos multiescala para sistemas químicos complexos.

2014   (Três pessoas)
Eric Betzig

Estados Unidos

Nascido em: 13 de janeiro de 1960 (57 anos), Ann Arbor, Michigan, Estados Unidos

Robert Eric Betzig trabalhou para desenvolver o campo da microscopia de fluorescência e da microscopia de localização fotoactivada e foi galardoado com o Prémio Nobel da Química de 2014 pelo desenvolvimento da microscopia de fluorescência super-resolvida, juntamente com Stefan Hell e o seu colega William E. Moerner, aluno de Cornell.

Stefan W. Hell

Alemanha, Roménia
Nascido em: 23 de dezembro de 1962 (54 anos), Arad, Roménia
Stefan Walter Hell recebeu o Prémio Nobel da Química em 2014 pelo desenvolvimento da microscopia de fluorescência super-resolvida, juntamente com Eric Betzig e William Moerner.

William E. Moerner

Estados Unidos
Nascido em: 24 de junho de 1953 (64 anos), Pleasanton, Califórnia, Estados Unidos
Atribui-se a William Esco Moerner a realização da primeira deteção e espetroscopia ópticas de uma única molécula em fases condensadas, juntamente com o seu pós-doutorado, Lothar Kador. O estudo ótico de moléculas únicas tornou-se posteriormente uma experiência de molécula única amplamente utilizada em química, física e biologia. Em 2014, foi-lhe atribuído o Prémio Nobel da Química.

2015 (Três pessoas)
Tomas Lindahl

Suécia, Reino Unido
Nascido em: 28 de janeiro de 1938 (79 anos), Kungsholmen, Estocolmo, Suécia
Tomas Robert Lindahl FRS, FMedSci é um cientista britânico nascido na Suécia, especializado na investigação do cancro. Em 2015, foi galardoado com o Prémio Nobel da Química, juntamente com o químico americano Paul L. Modrich e o químico turco Aziz Sancar, por estudos mecanicistas da reparação do ADN.

Paul L. Modrich

Estados Unidos

Nascido em: 13 de junho de 1946 (71 anos), Raton, Novo México, Estados Unidos

Paul Lawrence Modrich é um bioquímico americano, James B. Duke Professor de Bioquímica na Duke University e Investigador do Howard Hughes Medical Institute. É conhecido pela sua investigação sobre a reparação de erros de correspondência do ADN. Modrich recebeu o Prémio Nobel da Química de 2015, juntamente com Aziz Sancar e Tomas Lindahl.

Aziz Sancar

Turquia, Estados Unidos

Nascido em: 8 de setembro de 1946 (70 anos), Savur, Turquia

Aziz Sancar é um bioquímico e biólogo molecular turco-americano especializado na reparação do ADN, nos pontos de controlo do ciclo celular e no relógio circadiano. Em 2015, foi galardoado com o Prémio Nobel da Química, juntamente com Tomas Lindahl e Paul L. Modrich, pelos seus estudos mecanicistas sobre a reparação do ADN.

2016 (Três pessoas)
Fraser Stoddart

Reino Unido

Nascido em: 24 de maio de 1942 (75 anos), Edimburgo, Reino Unido

Sir James Fraser Stoddart FRS, FRSE, FRSC, trabalha na área da química supramolecular e da nanotecnologia. Stoddart desenvolveu sínteses altamente eficientes de arquitecturas moleculares mecanicamente interligadas, tais como anéis borromeanos moleculares, catenanos e rotaxanos, utilizando processos de reconhecimento molecular e de auto-montagem molecular. Demonstrou que estas topologias podem ser utilizadas como interruptores moleculares. Partilhou o Prémio Nobel da Química com Ben Feringa e Jean-Pierre Sauvage em 2016 pela conceção e síntese de máquinas moleculares.

Jean-Pierre Sauvage

França

Nascido em: 21 de outubro de 1944 (72 anos), Paris, França

Jean-Pierre Sauvage é um químico de coordenação francês que trabalha na Universidade de Estrasburgo. Especializou-se em química supramolecular, pela qual foi galardoado com o Prémio Nobel da Química de 2016, juntamente com Sir J. Fraser Stoddart e Bernard L. Feringa.

Ben Feringa

Países Baixos

Nascido em: 18 de maio de 1951 (66 anos), Barger-Compascuum, Países Baixos

Bernard Lucas é um químico orgânico sintético neerlandês, especializado em nanotecnologia molecular e catálise homogénea. É o Professor Distinto Jacobus van 't Hoff de Ciências Moleculares no Instituto Stratingh de Química, Universidade de Groningen, Países Baixos, e Professor da Academia e Presidente do Conselho da Divisão de Ciências da Academia Real de Ciências dos Países Baixos. Foi galardoado com o Prémio Nobel da Química de 2016, juntamente com Sir J. Fraser Stoddart e Jean-Pierre Sauvage, pela conceção e síntese de máquinas moleculares.

Quarta-feira, 4 de outubro de 2017, nunca antes das 11h45 - O Prémio Nobel da Química será anunciado na Academia Real das Ciências da Suécia, Sessionssalen, Lilla Frescativagen 4A, Estocolmo.

Conclusão: A química é, sem dúvida, uma disciplina vasta que se centra em várias moléculas, quer inorgânicas quer orgânicas. Estas moléculas são classificadas em produtos químicos de laboratório, biomoléculas, produtos farmacêuticos, agentes de guerra, produtos químicos domésticos, produtos químicos industriais, cosméticos, corantes e muitos outros ingredientes. Todas as moléculas são estruturalmente enquadradas a partir dos elementos da tabela periódica de Mendeleev, que são novamente subclassificados em metais e não metais, que se unem uns aos outros pela propriedade de catenação por ligação eletrovalente, ligação coordenada e ligação covalente por regra de hibridação da teoria das orbitais atómicas s, p, d e f.

A química é um parque de diversões de grupos funcionais

Cada elemento tem a sua propriedade química original que forma o composto com características individuais: Fórmula molecular, peso da fórmula, composição (percentagem elementar), refratividade molar, volume molar, para-quedas, índice de refração, tensão superficial, densidade, constante dieléctrica, polarizabilidade, massa monoisotópica, massa nominal e massa média. Estas substâncias químicas individuais reagem com outras substâncias químicas *in vivo* (dentro do sistema vivo), *in vitro* (fora do sistema vivo), *in situ* (dentro do recipiente de reação) e *in silico* (dentro do software computacional) para desenvolver a nova entidade através do grupo funcional que lhe está associado, que pode ser de síntese ou biossíntese numa única etapa ou em várias etapas. Área de jogo significa o domínio onde os produtos químicos reagem entre si, que pode ser interno (sector doméstico) ou externo (sector global). Grupo funcional é a parte ativa da molécula que participa em actividades extracurriculares para se concentrar na reatividade química. **O Prémio Nobel da Química; Atribuído a 175 laureados com o Prémio Nobel desde 1901** incide sobre este tema, juntamente com os laureados com o Prémio Nobel que obtiveram a distinção de Prémio Nobel da Química (1901-2016) através de jogos com moléculas químicas.[15]

Pelo menos 25 laureados receberam o Prémio Nobel por contribuições no domínio da química orgânica, mais do que qualquer outro domínio da química. Dois laureados com o Prémio Nobel da Química, os alemães Richard Kuhn (1938) e Adolf Butenandt (1939), não foram autorizados pelo seu governo a aceitar o prémio. Mais tarde, receberiam uma medalha e um diploma, mas não o dinheiro. Frederick Sanger é um dos dois laureados que receberam o Prémio Nobel duas vezes na mesma área, em 1958 e 1980. John Bardeen é o outro e foi galardoado com o Prémio Nobel da Física em 1956 e 1972. Outros dois prémios Nobel foram atribuídos duas vezes, um em química e outro noutra área: Maria Sklodowska-Curie (física em 1903, química em 1911) e Linus Pauling (química em 1954, paz em 1962). Até 2016, o prémio foi atribuído a 174 pessoas, incluindo quatro mulheres: Maria Sklodowska-Curie, Irene Joliot-Curie (1935), Dorothy Hodgkin (1964) e Ada Yonath (2009). Houve oito anos em que o Prémio Nobel da Química não foi atribuído.

Nobel Lectures é uma série em língua inglesa de todas as Conferências Nobel desde 1901, juntamente com notas biográficas relacionadas, citações de prémios e discursos de apresentação. As Conferências Nobel oficiais são proferidas pelos laureados com o Prémio Nobel nos dias que antecedem a Cerimónia de Entrega do Prémio Nobel, que se realiza todos os anos em dezembro, em Estocolmo. Desde 1901, a Fundação Nobel publica anualmente Les Prix Nobel, que contém os relatórios das cerimónias de atribuição do Prémio Nobel em Estocolmo e Oslo, bem como as biografias e as conferências dos Prémios Nobel. Até 1988, os textos foram publicados na língua em que foram apresentados. Desde então, o material de Les Prix Nobel tem sido maioritariamente em inglês. A fim de tornar as conferências disponíveis para pessoas com interesses especiais nos diferentes campos de prémios, a Fundação Nobel concedeu à Elsevier Publishing Company o direito de publicar em inglês as conferências de 1901-1970, bem como outro material de Les Prix Nobel. Os seguintes volumes foram publicados durante os anos 1964-1970.

Referências:

1. Ashish M. Parmar, Keyur D. Patel, Nilang S. Doshi, Girish M. Kapadiya, Bhavesh S. Patel e Dr. Dhrubo Jyoti Sen; Abordagem de correlação entre a sequenciação shotgun e a sequenciação de ADN em genómica molecular: World Journal of Pharmacy and Pharmaceutical Sciences: 3(11), 963-995, 2014.

2. Hardik H. Chaudhary e Prof. Dr. Dhrubo Jyoti Sen; Calorimetria de titulação isotérmica, microscopia confocal a laser e microscopia de força atómica na mais recente tecnologia de ligandos supramoleculares: World Journal of Pharmacy and Pharmaceutical Sciences: 3(8), 341-363, 2014.

3. Vikramkumar Vishnubhai Patel, Prof. (Dr.) Dhrubo Jyoti Sen e Prof. (Dr.) Satyanand Tyagi; Correlação entre a quimioinformática e a bioinformática na descoberta de medicamentos: uma visão de longo prazo da farmácia - o juramento do milénio: Journal of Drug Discovery and Therapeutics: 1(5), 47-54, 2013.

4. Parimal M Prajapati, Yatri Shah, D J Sen e C N Patel; Combinatorial chemistry: a new approach for drug discovery: Asian Journal of Research in Chemistry: 3(2), 249-254, 2010.

5. Priya R. Modiya, Palakben K. Parikh, Deepa R. Parmar, Dhrubo Jyoti Sen e Vidhi R. Patel; 10-15~Fcmto chemistry: Novo expoente de fronteira após a nanoquímica: Asian Journal of Research in Chemistry: 3(4), 840-846, 2010.

6. Dr. Dhrubo Jyoti Sen; Ésteres, terpenos e aromas: os três mosqueteiros animam o ambiente! Revista Mundial de Investigação Farmacêutica: 4(8), 01-40, 2015.

7. Debojyoti Basu and Prof. Dr. Dhrubo Jyoti Sen; Organoleptic agents: adaptability, acceptability and palatability in formulations: Revista Mundial de Farmácia e Ciências Farmacêuticas: 4(10), 1573-1586, 2015.

8. Kartik R. Patel, Dr. Dhrubo Jyoti Sen e Viraj P. Jatakiya; A economia de átomos na síntese de medicamentos é um parque infantil de grupos funcionais: American Journal of Advanced Drug Delivery: 1(1), 142-150, 2013.

9. Nadim M. R. Chhipa, Viraj P. Jatakiya, Piyush A. Gediya, Sachin M. Patel e Dhrubo Jyoti Sen; Green chemistry: an unique relationship between waste and recycling: International Journal of Advances in Pharmaceutical Research: 4(7), 2000-2008, 2013.

10. Hinal S. Mehta, Neha A. Bhatt and Prof. Dr. Dhrubo Jyoti Sen; Enteroclysis and computed tomographic enterography in medical imaging: Jornal Europeu de Investigação Farmacêutica e Médica: 2(3), 691-705, 2015.

11. Girish M. Kapadiya, Ashish M. Parmar e Dr. Dhrubo Jyoti Sen; Western blotting: uma tecnologia única para a deteção de proteínas por interação antigénio-anticorpo: World Journal of Pharmacy and Pharmaceutical Sciences: 3(10), 1810-1824, 2014.

12. Dron P. Modi, Sunita Chaudhary, Ragin Shah e Dhrubo Jyoti Sen; Gold nano shells: the advancing nanotechnology to fight against cancer: British Biomedical Bulletin: 1(1), 023-034, 2013.

13. Ravi G. Patel e Dr. Dhrubo Jyoti Sen; Biodegradable polymers: An ecofriendly approach in newer millennium: Internationale Pharmaceutica Sciencia: 1(3), 29-44, 2011.

14. https://en.wikipedia.org/wiki/List_of_Nobel_laureates_in_Chemistry

15. Dhrubo Jyoti Sen e Shruti Rai; A química é um recreio de grupos funcionais: Lambert Academic Publishing GmbH & Co. KG, Alemanha: 1-363, 2016. (ISBN: 978-3-659-90892-7)

Printed by Books on Demand GmbH, Norderstedt / Germany